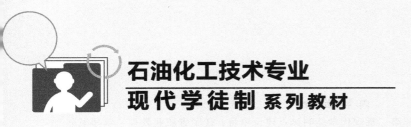

石油化工技术专业
现代学徒制 系列教材

常减压装置操作技术

杜凤　　周奉吉　　主编

U0231284

化学工业出版社
·北京·

内 容 简 介

　　《常减压装置操作技术》是教育部第二批现代学徒制试点建设项目、辽宁省职业教育"双师型"名师工作室和教师技艺技能传承创新平台、盘锦浩业化工有限公司职工创新工作室的建设成果，主要介绍了常减压装置操作技术。

　　本书可作为职业院校教学行政管理人员、专业教师、现代学徒制"双导师"、企业人力资源从业人员和从事现代学徒制研究人员的参考用书。

图书在版编目（CIP）数据

　　常减压装置操作技术/杜凤，周奉吉主编. —北京：化学工业出版社，2019.10（2023.8重印）
　　ISBN 978-7-122-35344-3

　　Ⅰ.①常…　Ⅱ.①杜…②周…　Ⅲ.①石油炼制-减压-反应设备-化工设备-高等职业教育-教材　Ⅳ.①TE960.7

　　中国版本图书馆 CIP 数据核字（2019）第 223200 号

责任编辑：刘心怡　　　　　　　　　　　　　装帧设计：王晓宇
责任校对：王　静

出版发行：化学工业出版社（北京市东城区青年湖南街 13 号　邮政编码 100011）
印　　装：天津盛通数码科技有限公司
787mm×1092mm　1/16　印张 12　字数 275 千字　2023 年 8 月北京第 1 版第 3 次印刷

购书咨询：010-64518888　　　　　　　　　　售后服务：010-64518899
网　　址：http://www.cip.com.cn
凡购买本书，如有缺损质量问题，本社销售中心负责调换。

定　　价：46.00 元

2014 年 2 月 26 日，李克强总理主持召开国务院常务会议，确定了加快发展现代职业教育的任务措施，提出"开展校企联合招生、联合培养的现代学徒制试点"。《国务院关于加快发展现代职业教育的决定》，对"开展校企联合招生、联合培养的现代学徒制试点，完善支持政策，推进校企一体化育人"做出具体要求，标志现代学徒制已经成为国家人力资源开发的重要战略。

2014 年 8 月，教育部印发《关于开展现代学徒制试点工作的意见》，制订了工作方案。

2015 年 7 月 24 日，人力资源和社会保障部、财政部联合印发了《关于开展企业新型学徒制试点工作的通知》，对以企业为主导开展的学徒制进行了安排。发改委、教育部、人社部联合国家开发银行印发了《老工业基地产业转型技术技能人才双元培育改革试点方案》，核心内容也是校企合作育人。

现代学徒制有利于促进行业、企业参与职业教育人才培养全过程，以形成校企分工合作、协同育人、共同发展的长效机制为着力点，以注重整体谋划、增强政策协调、鼓励基层首创为手段，通过试点、总结、完善、推广，形成具有中国特色的现代学徒制度。

2015 年 8 月 5 日，教育部遴选 165 家单位作为首批现代学徒制试点单位和行业试点牵头单位。

2017 年 8 月 23 日，教育部确定第二批 203 个现代学徒制试点单位，辽宁石化职业技术学院成为现代学徒制试点建设单位之一。

2019 年 7 月 1 日，教育部确定辽宁石化职业技术学院石油化工技术专业为首批国家级职业教育教师教学创新团队立项建设单位 120 个之一。2020 年 7 月 3 日，齐向阳作为负责人申报的《石油化工技术专业现代学徒制人才培养方案及教材开发》获批国家级职业教育教师教学创新团队课题研究项目（课题编号 YB2020090202）。

辽宁石化职业技术学院与盘锦浩业化工有限公司校企合作，共同研讨石油化工技术专业课程体系建设，充分发挥企业在现代学徒制实施过程中的主体地位，坚持岗位成才的培养方式，按照工学交替的教学组织形式，初步完成基于工作过程的工作手册式教材尝试。

本系列教材是教育部第二批现代学徒制试点建设项目、辽宁省职业教育"双师型"名师工作室和教师技艺技能传承创新平台、盘锦浩业化工有限公司职工创新工作室的建设成果，力求体现企业岗位需求，将理论与实践有机融合，将学校学习内容和企业工作内容相互贯通。教材内容的选取遵循学生职业成长发展规律和认知规律，按职业能力培养的层次性、递进性序化教材内容；以企业岗位能力要求及实际工作中的典型工作任务为基础，从工作任务出发设计教材结构。

本系列教材在撰写过程中，参考和借鉴了国内现代学徒制的研究成果，借本书出版之际，特表示感谢。由于编者水平有限，加之现代学徒制试点还处于实践探索阶段，不足之处在所难免，敬请专家、读者批评指正。

辽宁石化职业技术学院

2020 年 8 月

前　言

　　为了进一步深化产教融合，创新校企协同育人机制，培养满足区域经济发展和石化产业转型升级需要的高素质技术技能型人才，辽宁石化职业技术学院 2017 年联合盘锦浩业化工有限公司开展了现代学徒制培养石油化工技术专业人才的计划，当年获批为教育部第二批现代学徒制试点单位。

　　针对企业三年后拟安排现代学徒制试点专业学生在常减压蒸馏、催化裂化、延迟焦化、连续重整、加氢裂化、加氢精制 6 个车间一线岗位的实际需求，校企创新制定了"岗位定制式"人才培养模式，构建了现代学徒制试点班岗位方向多元化、学习内容模块化、课程教学一体化、通用技能专门化、岗位技能差异化的课程体系。共同研究制定人才专业教学标准、课程标准、实训标准、岗位成才标准，及时将新技术、新工艺、新规范纳入教学标准和教学内容。学院侧重于规划学生的学习与训练内容，对学生学习情况进行跟踪管理与绩效考核；盘锦浩业化工有限公司侧重于制定师傅选用标准、师带徒管理与补贴制度，并对师带徒的过程与绩效进行监督考核。校企双方经常沟通与联系，保证学习效果。推动专业教师、教材、教法"三教"改革，推进工学交替、项目教学、案例教学、情景教学、工作过程导向教学，推广混合式教学、理实一体教学、模块化教学等新型教学模式改革。

　　本书是首批国家经职业教育教师教学创新团队课题研究项目、教学部第二批现代学徒制试点建设项目、辽宁省职业教育"双师型"名师工作室和教师技艺技能传承创新平台、盘锦浩业化工有限公司职工创新工作室的建设成果。

　　本书在编写过程中，得到了辽宁石化职业技术学院领导老师、盘锦浩业化工有限公司工程技术人员、化学工业出版社的支持和帮助，在此表示衷心感谢。由于现代学徒制人才培养工作还处于实践探索阶段，书中难免存在不足之处，敬请广大读者批评指正。

编　者

2020 年 8 月

目 录

第4章　开工规程　66

第5章　停工规程　107

第6章　基础操作规程　　127

第7章　安全生产　　156

第1章

常减压车间规章制度

1.1 车间文化

1.1.1 安全环保方面

1.1.1.1 公司十大禁令
① 禁止无证入厂，进厂人员必须经过安全教育，方可办理入厂手续。
② 禁止携带危险品（炸药、雷管、火柴、打火机等）进厂。
③ 禁止不穿劳动保护用品进入工作岗位，工作中要严守制度、精心操作。
④ 禁止机动车辆进入生产装置、油库区、球罐区、液化气站等瓦斯浓度大的场所。
⑤ 禁止吸烟，不随便用火，不私自接电炉及液化气炉子。
⑥ 禁止乱用消防设施，不动用与本职工作无关的设备、附件。
⑦ 禁止饮酒上班，不串岗、脱岗、睡岗，不谈笑打闹。
⑧ 禁止用汽油、溶剂油擦洗衣物。在瓦斯浓度较大的场所，不准用硬质物敲打。
⑨ 禁止乱接临时电源、挖沟、挖路。
⑩ 禁止在无人监护的情况下，进入设备、下水井等场所工作。

1.1.1.2 两个愿意
我愿意接受监督，关爱我的生命；我愿意监督纠正他人违章行为，关爱他人生命。

1.1.1.3 四个不干
施工作业人员风险识别不到位我不干；安全措施不到位我不干；票证不全我不干；监护不到位我不干。

1.1.1.4 五个不让干
没有检修计划不让干；没有风险评价不让干；没有有效合格票证不让干；现场交接不清不让干；没有检修作业规程不让干。

1.1.1.5 车间三废处理方案
（1）装置的废水处理。
① 含硫污水送至脱硫装置。

② 含油污水经含油污水管网，送炼油污水处理场含油污水处理系统处理。

③ 生活污水经生活污水管网，排入污水处理系统处理。

④ 含盐污水为电脱盐排水，送炼油污水处理场含盐污水处理系统处理。

⑤ 含盐、含油污水、生产污水经预处理达到接管水质要求后，排入总污水处理场进一步处理。出水水质应满足《城镇污水处理厂污染物排放标准》（GB 18918—2002）一级 A 回用水标准要求。

（2）装置的废气处理。正常生产中产生的废气来自常压加热炉、减压加热炉燃烧产生的燃烧废气，其燃料为裂解制乙烯油，含硫量在 600×10^{-6} 左右，经回收能量后，通过 60m 高烟囱，达标排入大气。其主要污染物为 SO_2、NO_x 和 TSP（总悬浮颗粒物），燃烧烟气经现有 60m 高烟囱，达标排入大气。

常顶、初顶、减压塔顶不凝气送至催化车间吸收稳定装置加工产品。

从安全阀等排出的无法回收的各种油气，送入全厂的火炬系统。

燃料进燃烧炉之前经过脱硫处理。

（3）装置的废渣处理。本装置无废渣产品，主要的固体废弃物有生活垃圾、废弃损坏的设备等，能回收利用的回收利用，不可回收的生活垃圾应处理。

1.1.2 质量管理方面

① 牢固树立质量第一的思想，严格按照工艺条件、质量指标搞好平稳操作，保证产品质量。

② 对产品质量做到"二准""三防""二勤"，即资料记录齐备准确，取样准确；勤分析质量波动原因、勤调整；根据分析调整操作，防止猛升、猛降、猛调。

③ 严格执行质量管理制度，发生质量事故必须立即汇报，及时处理，明确责任，制订措施。

④ 班组质量检查员要坚持班后会的评议工作，每月由车间负责汇总各班组的质量情况。

⑤ 严格执行公司质量体系文件，确保质量体系的有效运行。

1.1.3 设备维护方面

① 对设备正确使用和精心维护，由使用人维护保养，实行专机负责制，确保设备台台完好。

② 操作人员要对所负责设备的性能、特点清楚了解；熟练掌握操作方法，做到四懂三会，即懂原理、懂结构、懂性能、懂操作规程；会保养、会小修、会排除一般故障。

③ 认真执行操作规程，不准超温、超压、超速、超负荷运行。

④ 严格按照三级过滤（油壶、油箱、注油器）的要求运行润滑。

⑤ 严格执行巡回检查制度，对设备进行详细的检查，随时消除跑、冒、滴、漏、松旷、脏缺，保证零部件、工具完整无缺。

⑥ 对运行设备要有计划地进行切换，配合机修调好设备的维护工作。对备用品和停用设备，要使之经常保持良好。

⑦ 按时填写设备运行记录和缺陷记录，做好资料和积累工作，努力做到沟见底、

轴见光、设备见本色。

⑧ 必须切实做好设备的防冻、防凝工作。

1.1.4　工艺技术方面

① 员工必须熟知常减压工艺原理。

② 员工必须熟知常减压工艺流程。

③ 员工必须熟知 DCS 画面操作方法。

④ 员工必须熟知动改流程程序。

⑤ 员工必须按时参加车间及公司工艺培训学习。

⑥ 员工必须熟知公用工程系统状况。

⑦ 员工必须熟知产品加工的分配情况。

⑧ 员工必须执行公司下达的操作法票。

⑨ 员工必须对自己的装置卫生分担区负责。

⑩ 员工必须掌握装置单项设备的操作方法。

1.2　岗位职责

1.2.1　内操岗位职责

① 严格执行各项规定，按操作规程调整参数，保证装置安全运行。

② 了解生产计划，明确生产任务，牢记工艺卡片，熟悉工艺参数和工艺流程。

③ 严格执行操作法，完成各项生产、技术、质量、能耗指标，确保产量、质量及收率符合公司要求。

④ 与调度沟通各类共用系统使用情况，执行领导安排的其他任务。

1.2.2　外操岗位职责

1.2.2.1　常压外操岗位职责

① 执行公司下达的各项安全生产、工艺管理规章制度。

② 服从班长、内操的指挥，协助内操调节工艺参数，确保装置平稳运行，发现问题及时汇报。

③ 负责看管和检查塔底液面，侧线汽提液面，回流罐界面、液面。

④ 负责调节渣油及侧线冷后温度；负责本岗位采样。

⑤ 定时定点按巡检路线巡检，及时向内操和班长汇报情况，负责现场表量记录。

⑥ 负责调节脱盐温度，控制电脱盐油水界面，防止带水冲塔、腐蚀设备。

⑦ 负责控制脱盐罐压力，防止安全阀跳闸冒油。

⑧ 负责领取化工辅料，配制破乳剂、缓蚀剂以备用。

⑨ 根据工艺需要，负责调节注水、注缓蚀剂、注破乳剂的注入量。

⑩ 根据工艺要求，产品不合格时及时转入二线或不合格线。

⑪ 负责加热炉的安全平稳操作，根据原料和燃料的性质、压力、流量及产品质量

及时调整操作，确保炉出口温度平稳。

⑫ 负责观察各火嘴是否畅通、火焰是否正常，操作不平稳时及时调整炉温。

⑬ 按时定点对瓦斯气罐脱水，防止燃料气带水，造成炉子熄火和炉温波动。

⑭ 当班期间每小时巡检一次，及时发现和消除事故隐患，负责防止瓦斯阀门处跑、冒、滴、漏。

⑮ 负责加热炉火嘴清扫，引风机、鼓风机的维护和清扫工作。

⑯ 负责加热炉点火、灭火、停炉工作，参与加热炉的烘炉工作。

⑰ 负责本岗位的参与机泵、换热器等设备的投用与停用；负责本岗位机泵设备日常维护、保养，每班对备用泵盘车一次填好各项记录，发现异常，及时联系并配合维修公司人员处理。

⑱ 做好节能降耗和冬季防冻、防凝，责任区卫生清洁工作。

⑲ 根据规定时间要求如实填写各项操作记录、设备运行记录、交接班日记。

⑳ 负责上级授权处理的其他事宜。

1.2.2.2 减压外操岗位职责

① 严格执行公司的各项管理制度，服从领导安排，按时交接班。

② 严格按照装置工艺指标要求进行操作。未经内操允许不许动用其他阀门，协助内操确保装置平稳安全运行。

③ 每班必须对备用机泵盘车一次并做好记录。

④ 负责本岗位的参与机泵、换热器等设备的投用与停用以及机泵、设备日常维护与保养，填写好各项操作记录。

⑤ 严格执行采样制度，不得弄虚作假。

⑥ 装置内保持地面洁净，地沟内无杂物。

⑦ 负责加热炉的安全平稳操作，根据原料和燃料的性质、压力、流量及产品质量及时调整操作，确保炉出口温度平稳。

⑧ 负责观察各火嘴是否畅通、火焰是否正常，操作不平稳时及时调整炉温。

⑨ 按时定点对瓦斯气罐脱水，防止燃料气带水，造成炉子熄火和炉温波动。

⑩ 负责加热炉火嘴清扫，引风机、鼓风机的维护和清扫工作。

⑪ 负责加热炉点火、灭火、停炉工作，参与加热炉的烘炉工作。

⑫ 每小时巡检一次，及时发现和消除事故隐患，负责防止瓦斯阀门处跑、冒、滴、漏；认真检查各运行机泵运转状态是否有异常；认真检查各容器阀门垫片处是否有泄漏现象，发现问题及时处理并向上级领导汇报。

⑬ 认真填写交接班记录，对本岗位助剂用量做好记录。

⑭ 切实加强系统的设备巡检，对塔顶真空系统及高温部位的设备进行重点巡检。发现问题，立即报告和处理，确保设备完好、达标。

⑮ 做好节能降耗和冬季防冻、防凝；负责本岗位在用设备的日常维护、保养。

⑯ 负责上级授权处理的其他事宜。

第2章

工艺技术规程

2.1 装置概况及工艺说明

2.1.1 装置概况

  盘锦浩业化工有限公司 300 万吨/年原料预处理装置，由洛阳瑞泽石化工程有限责任公司设计，山东华通石化工程建设公司承建，于 2016 年 7 月 15 日开工建设，于 2017 年 4 月建成投产运行。本项目总投资 2.6 亿元，装置投资 1.5 亿元，占地 18200m²。

  装置原设计加工混合重质含硫原料油，处理量为 300 万吨/年，设计年开工时间为 8000h，为燃料型装置。除生产石脑油、轻柴油和重交沥青等产品外，主要为二次加工装置——催化、焦化等装置提供蜡油、渣油等原料。

  装置主要由原油换热、电脱盐、初馏、常压蒸馏、减压蒸馏、柴油电精制等部分组成，主要设备有 199 台套，其中塔器 4 台、容器 36 台、冷换器 68 台、空冷器 16 片、抽真空设备 7 组、机泵 65 台、加热炉及空气预热器 3 套。

2.1.2 工艺说明

  本装置采用"三塔两炉"传统蒸馏工艺路线。初顶（初馏塔顶部）和常顶（常压装置顶部）生产石脑油，作为二次加工重整的原料；常一线柴油与常二线混合进行柴油改质；常三线油与减二线、减三线减压蜡油出装置供催化裂化装置作原料，也可供深度加氢装置作原料；减一线柴油送至柴油电精制部分；减顶（减压塔顶部）油进入柴油线，减底（减压塔底部）渣油作为延迟焦化原料。实际各处油品的分配情况根据炼厂各装置实际需求进行调配。

2.2 装置工艺原理

2.2.1 原油电脱盐工艺原理

2.2.1.1 原油组成

原油之所以在外观和物理性质上存在差异，根本原因在于其化学组分不完全相同。

原油不是由单一元素或两三种元素组成的化合物，而是由许多种元素组成的多种化合物的混合物。因此，其性质就不像单质和纯化合物那样确定，而是所含各种化合物性质的综合体现。

（1）原油的元素组成。原油的主要组成成分是碳和氢，碳氢化合物也简称为烃，烃是原油加工和利用的主要对象。其中碳含量约为 83%～87%，氢含量约为 11%～14%，两者合计约为原油的 95% 以上。

原油中所含各种元素并不是以单质形式存在的，而是以相互结合的各种烃类及非烃类化合物的形式而存在的。其中的非烃类化合物是以烃类的衍生物形式存在于原油中的，简单地说就是这些微量元素多数镶嵌在烃分子中。

原油中含有的硫、氮、氧等元素与碳、氢形成的硫化物、氮化物、氧化物和胶质、沥青质等非烃化合物，其含量可达 10%～20%，这些非烃化合物大都对原油的加工及产品质量带来不利影响，在原油的炼制过程中应尽可能将它们除去。

（2）原油的烃类组成。原油中的烃类按其结构不同，大致可分为烷烃、环烷烃、芳香烃三类。不同烃类对各种原油产品性质的影响各不相同。

① 烷烃。烷烃是原油的重要组分，是一种饱和烃，其分子通式为 $C_n H_{2n+2}$。

烷烃是按分子中含碳原子的数目为序进行命名的，碳原子数为 1～10 的分别用甲、乙、丙、丁、戊、己、庚、辛、壬、癸表示；10 以上者则直接用中文数字表示。例如只含一个碳原子的称为甲烷；含有十六个碳原子的称为十六烷。这样，就组成了为数众多的烷烃同系物。

烷烃按其结构之不同又可分为正构烷烃与异构烷烃两类，凡烷烃分子主链上没有支链结构的称为正构烷烃，而有支链结构的称为异构烷烃。

正构烷烃因其碳原子呈直链排列，易产生氧化反应，即燃烧性能好。但正构烷烃的含量也不能过多，否则凝点高，低温流动性差。异构烷烃由于结构较紧凑，性质稳定，虽然防火性能差，但燃烧时不易产生过氧化物，即不易引起混合气爆燃。

在常温下，甲烷至丁烷的正构烷烃呈气态；戊烷至十五烷的正构烷烃呈液态；十六烷以上的正构烷烃呈蜡状固态（是石蜡的主要成分）。

由于烷烃是一种饱和烃，因此在常温下，其化学稳定性较好。烷烃的密度小，黏温性好，是燃料与润滑油的良好组分。

② 环烷烃。环烷烃的化学结构与烷烃有相同之处，只是其碳原子相互连接成环状，故称为环烷烃。环烷烃分子中所有碳价都已饱和，分子通式为 $C_n H_{2n}$。

环烷烃具有良好的化学稳定性，与烷烃近似但不如芳香烃。其密度较大，自燃点较高，辛烷值居中。它的燃烧性较好、凝点低、润滑性好，故是汽油、润滑油的良好组分。环烷烃有单环烷烃与多环烷烃之分。润滑油中含单环烷烃多则黏温性能好，含多环烷烃多则黏温性能差。

③ 芳香烃。芳香烃是一种碳原子为环状连接的结构，分子通式有 $C_n H_{2n-6}$、$C_n H_{2n-12}$、$C_n H_{2n-18}$ 等。它最初是由天然树脂、树胶或香精油中提炼出来的，具有芳香气味，所以把这类化合物叫作芳香烃。芳香烃都具有苯环结构，但芳香烃并不都有芳香味。

芳香烃化学稳定性良好，与烷烃、环烷烃相比，其密度大，自燃点高，辛烷值也高，故其也是汽油的良好组分。但由于其发火性差，十六烷值低，因此对于柴油而言则是不良组分。润滑油中若含有多环芳香烃则会使其黏温性显著变坏，故应尽量去除。

还有一种烃类，叫做不饱和烃，如烯烃、炔烃。原油一般不存在不饱和烃，因为这些不饱和烃不稳定，容易氧化生成胶质。举例来说，汽油存放时间长了，颜色慢慢变深，就是里面的烯烃氧化了。但是烯烃的辛烷值较高，凝点较低，是汽油的良好组分。不饱和烃主要存在于二次加工产物里。

对于常减压装置经常说的低压瓦斯（三顶不凝气），其组分主要是 $C_1 \sim C_4$ 的正构烷烃或异构烷烃，当然也含有少量的未冷凝的 C_5（汽油组分）。由于减压炉出口温度较高，在高温下会发生热裂化，产生少量的烯烃。另外，三顶气中还含有大量的 H_2S，在装置现场，三顶脱水系统是 H_2S 防护重点部位。

（3）原油中的非烃类化合物。

① 硫化物。硫在原油中主要是以单质硫、硫化氢、硫醇、硫醚、二硫化物、噻吩的形态存在的。其中单质硫、硫化氢、硫醇称为活性硫化物，它们的化学性质较活跃，容易与铁发生反应生成硫化亚铁，使工艺管线和设备器壁减薄、穿孔，发生泄漏事故；硫醚、二硫化物、噻吩等属于非活性硫化物，它们对金属的腐蚀性较弱。但是，非活性硫化物受热后可以分解成活性硫化物。

② 氧化物。氧元素都是以有机化合物的形式存在的，氧化物大部分集中在胶状、沥青状物质中。这些含氧化合物可分为酸性氧化物和中性氧化物两类。酸性氧化物中有环烷酸、脂肪酸以及酚类，总称为原油酸。酸性氧化物在原油里的多少用酸值表示。酸值越高，氧化物对金属的腐蚀性越强。中性氧化物有醛、酮等，它们在原油中含量极少，而且几乎没有腐蚀性。

③ 氮化物。原油中氮含量一般在万分之几至千分之几。大部分氮化物也是以胶状、沥青状物质形态存在于渣油中的。

④ 金属化合物。金属化合物在原油中，一部分以无机水溶性盐类的形式存在，如钾、钠的氯化物盐类，它们主要存在于原油乳化的水相中，可在脱盐过程随水分脱掉。另外一部分以油溶性的有机化合物或络合物的形态存在，并且大部分集中在渣油中，这部分包括镍、钒、铁、铜等元素，会造成电脱盐电流升高，对原油的加工有害无利。

2.2.1.2　原油预处理的必要性

从地下开采出来的原油含有很多的水分和盐类，这些盐类大多以 NaCl、$CaCl_2$、$MgCl_2$ 等形式存在，还有 Ni、V、Fe、Cu 等微量金属与 Cl^-、SO_4^{2-}、CO_3^{2-} 这些酸性离子形成无机盐或与烃类形成有机络合盐。原油中的盐和水的存在给常减压装置及后续装置的平稳操作、设备腐蚀带来相当大的危害。

炼油厂生产装置经常因为腐蚀问题（见图 2-1）而损坏设备，影响开工周期或造成事故，尤其在处理含硫原油和脱盐脱水难的原油时，更为严重。研究设备的腐蚀原因，采取有效的防腐措施是当前炼油生产中的一个重要课题。

2.2.1.3　腐蚀特性及腐蚀部位

按腐蚀特性不同，腐蚀可分为无机盐腐

图 2-1　常压塔降液管腐蚀情况

蚀、硫化物腐蚀和环烷酸腐蚀。腐蚀部位可分为高温重油部位和低温轻油部位。

（1）无机盐类的腐蚀。在蒸馏过程中，原油中的盐类受热水解，生成具有强烈腐蚀性的HCl。HCl与H_2S在蒸馏过程中随原油的轻馏分和水分一起挥发和冷凝，在塔顶部及冷凝系统内形成低温$HCl-H_2O-H_2S$型腐蚀介质，对初馏塔、常压塔顶部的塔体、塔板、馏出线、冷凝冷却器等有相变的部位产生严重腐蚀。

（2）硫化物的腐蚀。原油中的硫化物主要是硫醇、硫醚、硫化氢、多硫化物以及单质硫等。这些硫化物中，参与腐蚀反应的主要是H_2S、单质硫和硫醇等活性硫及易分解为H_2S的硫化物。

硫化物对设备、管线的腐蚀与温度、水分和介质流速等关系很大。温度小于120℃且有水存在时，形成$HCl-H_2S-H_2O$型腐蚀介质；但在无水情况下，温度虽高至240℃，对设备仍无腐蚀。当温度大于240℃时，硫化物开始分解，生成H_2S，形成高温$S-H_2S-RSH$型腐蚀介质，随着温度升高，腐蚀加重。当温度大于350℃时，H_2S开始分解为H_2和活性很高的S，S与Fe反应生成FeS，在设备表面形成FeS膜，对设备腐蚀起一定的保护作用。但当有HCl或环烷酸存在时，保护膜被破坏，又强化了硫化物的腐蚀。当温度达到425℃时，高温硫对设备腐蚀最快。

根据硫化物的这种特性，分馏塔的高温部位如常压塔和减压塔的进料段及进料以下塔体、常压炉出口附近的炉管和转油线、减压炉管和减压炉转油线、减压塔底部管线等部位都会产生较严重的腐蚀。特别是减压部分，由于温度高，设备腐蚀最为严重。

（3）环烷酸腐蚀。原油中的酸性物质主要为环烷酸。环烷酸的腐蚀性能与分子量有关，低分子环烷酸腐蚀性最强。腐蚀环境特别是温度、环烷酸气相流速对腐蚀性有很大影响。温度在220℃以下时，环烷酸基本没有腐蚀性。随着温度的升高，腐蚀性逐渐增强，到270~280℃时腐蚀性最强。温度再提高，环烷酸部分汽化但未冷凝，而液相中环烷酸浓度降低，故腐蚀性又下降。到350℃左右时，环烷酸汽化增加，气相速度增加，腐蚀又加剧。直至425℃左右时，原油中环烷酸已基本全部汽化，对设备的高温部位不产生腐蚀。

常压塔柴油馏分侧线和减压塔润滑油馏分侧线以及侧线上的弯头等出现环烷酸凝液处，腐蚀较严重。常减压炉出口附近的炉管、转油线、常减压塔的进料段等处的温度在350~400℃，环烷酸大部分汽化，气相流速加快，腐蚀加剧。但所含环烷酸已基本汽化完，环烷酸对塔底的塔壁、内件、管线、机泵、弯头等的腐蚀有所下降。

环烷酸的腐蚀除对常减压装置的高温部位造成穿孔外，其腐蚀所产生的铁离子对下游加氢裂化装置的长期运行也会造成严重威胁。

2.2.1.4　防腐措施
抑制原油蒸馏装置中设备和管线腐蚀的主要办法有两个。

（1）对低温的塔顶以及塔顶油气馏出线上的冷凝冷却系统采取化学防腐措施，如脱盐脱水、注中和剂、注缓蚀剂和注水等，即"一脱三注"。

① 原油脱盐脱水。原油脱盐脱水是抑制轻油低温部位腐蚀的有效方法。实践证明，如能把原油含盐量脱至3mg/L以下，再辅以注中和剂、缓蚀剂和水等措施，使塔顶冷凝水铁离子含量控制在$1\mu g/g$以下，氯离子含量低于$20\mu g/g$，则低温$HCl-H_2S-H_2O$型腐蚀就能得到有效的抑制。

② 注中和剂。为使常压塔顶冷凝冷却系统的低温$HCl-H_2S-H_2O$型腐蚀进一步降

低，在塔顶馏出线上注中和剂也是行之有效的防腐措施之一。各炼油厂所采用的中和剂多为液氨或氨气，也有用有机胺的。有机胺对控制 pH 值较容易，但价格较贵。

氨（或胺）在油气开始冷凝前注入，随后再注入缓蚀剂，氨注入量以塔顶回流罐中冷凝水的 pH 值（7.5～8.5）来调节。

注氨后塔顶馏出系统可能出现氯化铵沉积，既影响冷凝冷却器的传热效果，又引起设备的垢下腐蚀。氯化铵在水中溶解度很大，故可用连续注水办法洗去。连续注水量一般为塔顶总馏出量的 5%～10%。

③ 注缓蚀剂。缓蚀剂是一种表面活性剂，其分子内部有硫、氮、氧等极性基团和烃类的结构基团。极性基团吸附在金属设备表面，形成保护膜，使金属不被腐蚀。

④ 注水。注水的作用一方面是溶解铵盐；另一方面是降低塔顶馏出物中注氨未中和的酸性物质浓度来减少腐蚀。

（2）对温度大于 250℃ 的塔体及塔底出口系统的设备和管线等高温部位的防腐措施，主要是选用合适的耐蚀材料。

2.2.1.5 电脱盐的基本原理

原油电脱盐的基本原理，就是原油在一定温度下，通过注水溶解原油中的盐类在破乳剂、注水、混合强度、电场强度等因素的综合作用下，原油中小水滴聚结成大水滴，依靠油水密度差而将原油中的水脱除。由于原油中的盐大部分溶解在所含的水中，因而脱盐脱水是同时进行的。

下面对原油电脱盐的原理做进一步描述：

（1）盐类的存在形式。原油中的盐类既有无机盐，也有有机盐。无机盐主要是 $NaCl$、$CaCl_2$、$MgCl_2$ 以及相应的硫酸盐、碳酸盐等，它们大部分溶于所含的水中，但还有一小部分以微细颗粒的形式悬浮在原油中。

有机盐主要是 Na、Ca、Mg 的环烷酸、脂肪酸的化合物。其中，只有低分子的有机钠盐溶于水，其他有机盐只溶于油，而不溶于水。

（2）水的存在形式。原油中的水一部分为游离水，它们一般可通过自由沉降直接脱除；而另一部分水，则和油形成稳定的油包水型乳状液，水以极细颗粒的形式分散在原油中，此部分水不易脱除。

（3）电脱盐要注水的原因。原油中的盐大部分溶解在所含的水中，但也有一部分以微细颗粒的形式悬浮在原油中。为了溶解这些颗粒盐，就要加入一定量的软化水，加速盐类的溶解，使之与水一起脱除，从而达到洗涤、聚结而沉降脱除的目的。通过注入洗涤水，可以增加水滴的密度，使水滴间碰撞的机会增大，水滴更易聚结。适当增加注水量，可破坏原油中天然乳化液的稳定性，对脱盐有利。

（4）原油中稳定的乳状液。一般原油中的水很不易脱除，主要原因有两点：一是原油在开采和运输过程中，由于剧烈扰动，使水以极细颗粒的形式分散在原油中，形成了乳化液；二是原油中还含有大量的环烷酸、胶质、沥青质等天然乳化剂，它们靠吸附作用浓集在油水界面，形成稳定的油包水型的乳状液，在水滴周围形成比较牢固的吸附膜。

以上二者的共同作用，更增加了乳化液的稳定程度，其稳定性主要取决于下列因素：

① 所含天然乳化剂的性质和数量；

② 原油的黏度。高黏度的原油所形成的乳状液，不易被破坏；

③ 水在原油中的分散程度。分散程度越高，越趋于稳定。

④ 乳状液形成的时间。形成时间越长，老化的乳状液就越顽固。因此，只有破坏这种乳化状态才能使水滴聚结。破乳的重要手段之一，就是加入破乳剂。

（5）破乳剂的作用。原油中的天然乳化剂是一种油包水型的表面活性剂，而破乳剂是一种水包油型的表面活性剂，其性质与原油中的天然乳化剂相反，并且破乳剂比天然乳化剂具有更小的表面张力和更高的表面活性。当破乳剂加入原油中，能很快代替天然乳化剂吸附在油水界面上，改变了原界面性质，这样原有比较牢固的吸附膜就被破坏，小水滴就容易聚结成大水滴，进而沉降脱除。

（6）交直流电场的作用。对于原油这种稳定的乳状液，即使加入了破乳剂，聚结后的水滴单靠自由沉降也达不到脱盐脱水的要求。为了加速水滴的聚结，就要依靠高压电场力的作用。

在交直流电脱盐罐内，电极板为垂直式、正负相间排列，电场分布自下而上为交流弱电场、直流弱电场、直流强电场。

在高压电场内，原油乳化液中的微小水滴由于静电感应而产生诱导偶极。诱导偶极使水滴与水滴间产生相互吸引的静电引力，即水滴的聚结力 F。水滴受聚结力作用，运动速度加快，动能增加，一方面可以克服乳化膜的阻力，另一方面增大了水滴间的碰撞机会，使微小水滴聚结成大水滴。

此外，水滴两端受到的吸引力方向相反、大小相等，水滴不发生位移，但被拉长，小水滴就聚结成大水滴。

（7）交直流电脱盐的原理。交直流电脱盐一般采用垂直电极板，电场自下而上为交流弱电场、直流弱电场和直流强电场。经过弱电场处理后的原油，基本上是微小水滴，之后进入罐内上部的直流强电场。

当原油通过直流电场时，含盐水滴在电场作用下产生偶极性，相邻水滴相互吸引，只是电场不变。由于电极板垂直布置，偶极化的水滴因处在电场中的位置不平衡，使水滴向正负极板移动，油流和水流沉降分别是上下运动，这就比交流电场增加了水滴聚合的机会。此外，极向电泳现象还使更小的水滴抵达极板，并聚结增大，这是直流电场比交流电场脱水率高的原因之一。

另外，直流电场垂直布置可增大电场高度和改变电极距来取得合适的停留时间及电场强度。

电场强度是电脱盐过程的主要参数之一，电场强度过高或过低都会使脱盐率降低。在一定范围内，适当提高电场强度，可以促进水滴的聚结，提高脱盐率。

这是因为，根据均匀电场内两球形粒子之间的作用力表达式，原油中水滴的聚结力 $F=6KE^2r^2/L^4$，式中 K 为系数，E 为电场强度，r 为水滴半径，L 为相邻水滴中心距。根据此式可看出，原油中水滴的聚结力与电场强度的平方 E^2 成正比，因此，在一定范围内，增大电场强度，可提高脱盐率。

然而若电压过高，不仅造成耗电量增加以及容易发生短路等弊端，而且有时反而会使水滴变小，即所谓"电分散现象"，对脱盐不利（当电场强度增大到一临界值时，水滴迅速变长，两端会变尖，甩出很微小的小水滴，这就是电分散作用）。

电压过低，脱盐效果不佳。因此，选择合适的电压，可使电场强度适中，提高脱盐效果。

（8）电脱盐罐的分区。在电脱盐罐内自下而上，一般分为水区、油水乳化区（弱电场区）、强电场区、油区四个区域。

（9）原油电脱盐的基本依据。在对水滴进行沉降分离时，基本符合球形粒子在静止流体中自由沉降的"斯托克斯定律"，即水滴的沉降速度：

$$U = d^2 (\rho_1 - \rho_2) g / (18\mu)$$

式中　U——水滴的沉降速度，m/s；

　　　　d——水滴的直径，m；

　　　　ρ_1——水的密度，kg/m^3；

　　　　ρ_2——油的密度，kg/m^3；

　　　　μ——油的运动黏度，m^2/s；

　　　　g——重力加速度，m/s^2。

依据上式可以看出：水滴的沉降速度 U 与水滴直径的平方 d^2 成正比，因此，增大水滴直径可以加快脱水；水和油的密度差 $\rho_1 - \rho_2$ 增大或原油黏度 μ 减小，都有利于加速沉降分离；温度升高时，原油密度减小的幅度比水大，二者密度差增大，同时原油黏度减小，因此适当提高温度有利于水滴的沉降分离。

2.2.2　常压蒸馏工艺原理

原油蒸馏是原油的最初加工，是将原油通过蒸馏的方法分离成各种石油馏分。蒸馏是将原油加热，依据各组分沸点的不同，其中轻组分汽化，将其导出进行冷凝，使原油中轻、重组分得以分离的过程。原油是由烃类和非烃类组成的混合物，它们的沸点不同，分离时，只能得到沸点范围不同的馏分。原油加热是在换热器和加热炉管内进行的。当原油加热到规定温度后，引入分馏塔进行分离。原油在精馏塔内的分离过程称为精馏。经过脱盐脱水后的原油利用精馏原理根据原油中各个组分的挥发度（沸点）不同，在一定的工艺条件下分离出若干个产品（瓦斯、汽油、柴油、常压渣油）。

（1）蒸馏、精馏的基本概念。加热混合物，使其中沸点较低的轻组分先汽化再冷凝的粗略分离操作，称为蒸馏。

在提供回流的条件下，气液两相多次逆流接触，经过多次部分汽化和多次部分冷凝，进行传质传热，使混合物中的各组分因挥发度不同而有效分离，这种操作称为精馏。

（2）汽化与冷凝的过程。加热油品时，沸点较低的汽油、煤油、柴油等组分先汽化，称为轻组分；而沸点较高的蜡油、渣油不易汽化，称为重组分，因此气相中含有较多的轻组分，液相中含有较多的重组分。相反，气相冷凝时，沸点高的重组分先被冷凝，故冷凝后的液相中含有较多的重组分，剩余气相中含有较多轻组分。因此，只要把液相原油多次汽化、气相多次冷凝，即可在最后的气相中得到较浓的轻组分，同时在液相中得到较浓的重组分。

（3）传质传热过程。在实际生产中，混合物的汽化和冷凝是在塔板上进行的。塔板上开有许多小孔，气相从小孔上升，液相从上一层板通过溢流管下降，这样，气、液两相密切接触。由于存在温度差和浓度差，温度低的液体向下流动与温度高的上升气相接触，回流液体温度升高，其中沸点低的轻组分蒸发到气相中去；高温的气相被低温液体冷凝，其中沸点高的重组分被冷凝下来返回到液体中去。这样，液体每经过一块塔板其重组分含量不断上升，而上升的气相每经过一块塔板其轻组分含量不断上升，这就是蒸馏塔板的传质过程。

在传质过程中，液相中的轻组分汽化需要的热量是由气相中重组分冷凝所放出的冷凝热提供的，这就是传热过程。因此，在蒸馏塔板上进行的传质、传热过程是同时进行的。

传质传热的结果是，上升的气相中的轻组分含量不断增大，而温度逐渐降低；下降的液相中的轻组分含量不断减小，相应重组分含量不断增加，而其温度逐渐升高。在这一过程中，液相中轻组分汽化所吸收的热量与气相中重组分冷凝所放出的热量相等。

如果经过足够多的塔板，进行多次部分汽化和多次部分冷凝，就可在塔顶得到浓度较高的轻组分，同时在塔底得到浓度较高的重组分。这种气、液两相逆流密切接触，进行多次汽化和多次冷凝，发生热量和质量的传递，从而使混合物分离的操作，就称为精馏。

由此可见，精馏过程实质上是一个传质、传热，多次汽化、多次冷凝的过程。

综上所述，传质传热过程如下：气、液两相充分接触时，高温气相中的重组分先被冷凝放热，而下降的液相回流中的轻组分被加热汽化吸热，结果上升的气相被下降的液相冷却，气相中的重组分不断被冷凝下来，液相中的轻组分不断汽化而提浓，这就是传质传热过程。

（4）要实现精馏必须具备的条件。混合物各组分间挥发度不同，这是用精馏方法分离混合物的基本依据；塔顶轻组分浓度较高的低温液相、塔底重组分浓度较高的高温气相，即存在温度差和浓度差；必须提供气液接触的场所，这样才能保证传质、传热的连续进行。

（5）影响蒸馏塔平稳操作的主要因素。

① 进料温度、流量和性质。蒸馏塔的平稳操作就是通过对温度、压力、流量和液位四大操作参数的调节，使蒸馏塔最大限度地接近于物料平衡、热量平衡和气液相平衡的稳定状态。进料状态的变化会引起进塔的气、液相流量和进塔的热量变化，这就改变了整个塔内的三大平衡，即物料平衡、热量平衡和气液相平衡。在操作上，反映在塔顶温度、塔顶压力、侧线温度的变化上。这是蒸馏平稳操作的重要前提之一。

② 回流量。塔内的回流是精馏的必要条件，它有以下两个作用：提供塔板上的液相回流，创造气液两相充分接触的条件，达到传热传质的目的；取走塔内多余的热量，维持全塔热量平衡和气、液相平衡，以利于控制产品质量。回流量变化不仅改变塔内气、液相负荷，影响每一块塔板上的分馏效果，同时也改变了塔内的热量分布和平衡。在调整中，原则上是适当增加高、中温位的中段回流量，有利于回收余热，节约能耗。

③ 塔顶压力。塔顶压力反映了整个塔内操作压力的大小。油品汽化温度与油气分压有关，一般当塔内吹入蒸汽量一定时，油气分压与操作压力成正比。

塔压的变化，能够比较灵敏地反映塔内气、液负荷的变化。因此，在操作中要密切注意塔压指示，有异常波动时要及时分析原因，进行调节。

④ 塔顶温度。塔顶温度是塔顶产品在其油气分压下的露点温度。塔顶温度的变化还反映了塔内气、液相负荷的变化。在操作上，塔顶温度还是控制塔顶产品馏分的主要手段。

⑤ 侧线抽出温度与流量。侧线抽出温度是抽出产品在该处油气分压的下的泡点温度。在进料温度一定的情况下，侧线抽出温度的高低与塔内气、液相负荷的大小有关，而侧线抽出流量直接影响着塔内气、液相负荷。当侧线流量变化时，侧线抽出板以下的内回流量变化，导致侧线抽出板气相温度的变化，侧线抽出板液体温度也就随之变化。这对塔内分馏效果和侧线馏分影响较大。

⑥ 塔底液面。塔底液面的变化反映了塔内物料平衡的变化，而物料平衡又取决于温度、流量和压力的稳定。因此塔底液面的变化，表明有关的温度、流量和压力产生了变化。

⑦ 塔底吹汽量。塔底吹入过热蒸汽，一方面可以降低塔内油气分压，使石油馏分在较低的沸点下汽化，提高进料的汽化率；另一方面可以使从进料段流向塔底的液相中的轻组分重新汽化，提高产品拔出率。

但塔底吹汽增加了塔顶冷凝冷却系统的负荷，因此，必须保持塔底吹汽量的稳定，轻易不做调整。同时，还应注意保持蒸汽压力、蒸汽温度的稳定。

根据常压塔底温度与进料温度的温差，可以判断塔底吹汽量大小。一般常压塔底温度与进料温度的温差在5℃以下，则可以判定为塔底吹汽量过小。

2.2.3　减压蒸馏工艺原理

油品的沸点与压力有关，随系统压力降低而降低。液体沸腾的必要条件是蒸气压必须等于外界压力，因此，降低外界压力就相当于降低液体沸腾时所需的蒸气压，也就降低了液体的沸点，压力愈低，沸点降得愈低。如果采用抽真空的办法使蒸馏过程在压力低于大气压的条件下进行，降低油品的沸点，把原油中的较高沸点组分，也能在低于其裂解的条件下汽化分馏出来，这样就叫减压蒸馏。减压蒸馏的目的主要是切割催化裂化原料或润滑原料或加氢裂化原料。

常压渣油自常压塔底抽出，经泵加压后进入减压炉加热，一般加热到390℃进入减压塔。减压塔顾名思义是在负压下操作，目的就是降低油品的沸点。常渣的初馏点一般是在260℃以上，5%点应该超过350℃，而要得到的蜡油组分的切割点应在520℃以上，现在减压深拔温度更是＞565℃，要想在常压下分离出蜡油组分，加热炉出口温度必须超过520℃（还得保持一定的过汽化量）。如果这样，常渣会很快在炉管内结焦、裂化，造成炉管堵塞。从表2-1中可以看出，随着压力（绝对压力）的下降，油品的沸点大幅降低。

表 2-1　压力与沸点的关系

压力/kPa	101.325	13.33	2.67	0.4
沸点/℃	500	407	353	300

根据油品的这种特性，诞生了减压蒸馏。生产上常用的方法就是提高精馏塔内的真空度，即将蒸馏设备内的气体抽出（包括水蒸气、不凝气及少量的油气等），使塔内的油品在低于大气压的条件下进行蒸馏，这样，高沸点组分就在低于它们常压沸点的温度下汽化蒸出，不至于产生裂解，这种方法称为减压蒸馏。

减压设备内的实际压力称为残压，大气压减去残压即为真空度。真空度越高，油品蒸馏所需要的温度就越低。润滑油型减压塔顶的残压为5～8kPa，而燃料油型减压塔顶的残压可允许高些。

实际生产过程中，减压塔顶油气被抽空系统不断地抽走冷却，使塔内形成负压，常压装置渣油大量汽化，分离成蜡油组分或润滑油组分和减压渣油。蜡油可以做催化裂化、加氢裂化装置的原料，润滑油基础油经过其他加工工艺精制成润滑油，减压渣油是氧化沥青、延迟焦化的好原料，也可送到重油催化裂化、溶剂脱沥青装置，还可以作为商品燃料油外销。

2.2.4　减压蒸馏工艺技术

2.2.4.1　减压塔一般工艺特征

（1）减压塔的塔板数比常压塔少，且大多采用填料，以降低从汽化段到塔顶的流动压降。

减压蒸馏的主要任务是生产裂化原料或润滑油原料，一是由于其分离精度要求不高，二是在真空条件下各组分间的相对挥发度很大，分离比较容易，因此减压塔所需的塔板数要比常压塔少。

为降低每块板的压降，采用压降较小的塔板如舌形板、筛板等。目前，国内外大多全部采用各种形式的填料（矩鞍环填料，每米填料高相当于 1.5 块板，压降约为0.13kPa）。

备注：与板式塔相比，填料塔具有更大的通量和效率，在相同的空间高度内，可提供更多的理论板，使馏分分离更清晰，同时压降又极低。

（2）减压塔顶一般采用减一线冷回流而不用减顶产品作为冷回流，以降低塔顶馏出线的压力降。

由于大量产品从减一线抽出，一部分作为塔顶冷回流返回塔内，这样塔顶的气相负荷大大降低，故塔径较小。为降低塔顶气相流量，应减小塔顶抽真空系统的负荷。

（3）减压塔的塔径比常压塔大得多，一是由于减压塔汽化段压强比常压塔低得多[减压塔汽化段压强只有 100mmHg（1mmHg＝133.322Pa），常压塔汽化段压强约为1500mmHg]，在减压条件下油气的比体积比常压塔高出十多倍，致使减压塔内气相负荷大得多；二是为降低汽化段的油气分压，有些减压塔塔底吹入的过热蒸汽较多，因此，为了降低气速，防止气相夹带液相，减压塔的塔径和板间距比常压塔大得多。

但近年来，不用蒸汽的干式减压蒸馏发展较快（详见本章 2.2.6 "干式减压蒸馏技术"）。

（4）减压塔底部缩径，以缩短渣油在塔底的停留时间。

减压渣油温度高，若停留时间过长，则其裂解、缩合反应显著，其结果是：一方面裂解反应使不凝气增多，引起真空度降低；另一方面缩合反应使塔内结焦严重。为此，减压塔的底部缩小直径，以缩短渣油在塔底的停留时间。此外，减压塔底打入急冷油，以降低塔底温度，减少裂解结焦。

（5）采用较粗的低速转油线，以降低转油线压力降。

为避免油品裂解，一是对减压炉出口温度加以限制，一般不超过 395℃；二是采用炉管内注蒸汽的方式提高管内介质流速，以减少停留时间。

但如果减压炉到塔的压降过大，则炉出口压力高，炉出口汽化率降低，从而降低了减压塔的拔出率。降低转油线压力降的办法是降低转油线中的油气流速，目前，普遍采用低速转油线技术，降低了转油线的压力降。

除上述避免裂解、提高拔出率的工艺特征外，还有下面因油气物性而反映出的工艺特征。

（6）采用多个中段循环回流，使塔内气相负荷分布均匀，以缩小减压塔直径。

由于在减压条件下油气、蒸汽、不凝气的比容比常压塔高出十多倍，尽管减压蒸馏可采用较高的空塔气速，但为了降低气速、防止气相夹带液相，减压塔的直径还是很大。为此，在设计减压塔时，为使气相负荷沿塔高分布更加均匀，以缩小塔径，减压塔一般采用多个中段回流，这样也有利于回收热量。

（7）减压塔的板间距比常压塔大，且塔内设有破沫网。

减压塔油料重、黏度高，在高气速状态下形成泡沫的现象严重，因此减压塔的板间距都比较大，尤其在进料段和塔顶都留有较大的蒸发空间，这样也减少了塔板数；另一方面在进料段和塔顶都设置了破沫网。

综上所述，从外观看减压塔显得"中间粗两头细"，归结原因有三：

① 减压塔上部，由于气相负荷较小，只剩下不凝气、汽提蒸汽（湿式减压）和携带上来的少量油气，为了提高气速，使气体尽快排出，故而缩小塔径；

② 减压塔中部，由于气、液相负荷都比较大，减压塔直径较粗；

③ 减压塔底温度高，容易发生裂解、结焦等化学反应，为了减少停留时间，减压塔底缩径。

此外，减压塔的裙座较高，塔底液面与泵入口的高度差在10m以上，主要是为了克服塔底泵的汽蚀现象，为减底泵提供足够的灌注压头。

（8）塔顶真空度是减压塔操作的关键参数，它直接影响进料的汽化率。汽化率变化，则全塔物料平衡和热量平衡都产生波动。

2.2.4.2 减压塔内破沫网的作用

除去气体中夹带的液滴。当带液滴的气体经过破沫网时，液滴与破沫网碰撞，并附着在破沫网上，此液滴积聚到一定体积便下落。

2.2.4.3 如何合理使用破沫网

为保证减压侧线油质量，要求在洗涤段上方还设有破沫网，其作用是除去气流中夹带的液滴。破沫网的操作状态有湿式和干式两种。

湿态破沫网上喷淋冲洗油，冲洗油一般是从侧线抽出，一部分返回塔内。湿态破沫网洗涤效果好，但主要缺点是阻力降大。干态破沫网主要依靠气流中的液滴冲击在金属丝上后，随之被附着，流到两根金属丝接触处，当聚集到一定体积后自行下落，达到破沫的目的。

由于破沫网长期处于高速气流冲刷之下，因此其材质选择十分重要。采用不锈钢丝网，在停工检修时仍发现已经破碎，目前多数炼厂正采用渗铝钢材代替不锈钢丝网。

2.2.5 燃料型减压塔的工艺特征

2.2.5.1 减压蒸馏分类

减压蒸馏根据产品或生产任务的不同，可分为燃料型和润滑油型两种。

减压蒸馏按照操作条件不同，可分为干式减压蒸馏、湿式减压蒸馏和半干式减压蒸馏。

2.2.5.2　作为二次加工原料的质量要求

燃料型减压塔的主要任务是为催化裂化或加氢裂化装置提供原料。对其质量要求是：

（1）残炭值尽可能低，亦即胶质、沥青质含量要少，以免催化剂结焦；

（2）控制重金属含量，特别是镍和钒的含量，以减少催化剂污染。

对馏分要求不严格。实际上燃料型减压塔只设3～4个侧线，主要原因是沿塔高负荷较均匀。

燃料型减压塔的工艺特征如下：

（1）可大幅度减少塔板数，以降低从汽化段到塔顶的压力降。侧线之间塔板实质上只是换热板。

（2）可以大大减小内回流，某些塔段甚至可以减小到零。

这可通过塔顶循环回流和中段循环回流来实现。由于内回流大大减小甚至消除，因此塔段的压力降就大大降低，从而提高汽化段的真空度。

例如在塔顶部和中部两个塔段只有油气、水蒸气和不凝气通过，而没有内回流，塔段与塔段之间只有升气管相通，因此塔段的压力降就大大降低。

此外，在设计时通常使减二线中取热较大，减压侧线油大部分从减二线中抽出，这样塔内油气在上升过程中很快减少，也就降低了上部塔板的压力降。

（3）为降低馏出油的残炭和重金属含量，在汽化段设有洗涤段。

洗涤段中设有塔板和破沫网，所用回流为最下一个侧线油，也可设循环回流。此外，为了保证最下一个抽出板下有一定的回流量，通常有1%～2%的过汽化度。

（4）由于上述特点，燃料型减压塔的气液负荷分布与常压塔大不相同。只有汽化段上面几层塔板有内回流，其余塔段基本没有。

此外，燃料型减压塔的侧线产品对闪点没有要求，因而不设侧线汽提。目前，燃料型减压塔更倾向于用填料取代塔板，并采用干式减压蒸馏技术。

2.2.6　干式减压蒸馏技术

2.2.6.1　干式减压蒸馏

在塔和炉管内不依赖注入水蒸气来降低油汽分压的减压蒸馏方式，称为干式减压蒸馏。它是燃料型减压塔的重要节能手段。

2.2.6.2　干式减压蒸馏的工艺特点

（1）在塔和炉管内不注入水蒸气，降低了塔顶冷凝冷却负荷。

（2）为了降低从汽化段到塔顶的压力降，塔内部采用压力降小、传质传热效率高的新型填料及相应的液体分布器，代替传统的塔板。

（3）采用三级抽空器，以提高减压塔顶真空度。

（4）减压炉管逐级扩径，以保证管内介质在接近等温条件下汽化，减少压降，防止局部过热。

（5）采用大直径低速转油线，以获得较低的压力降和温度降。

（6）设洗涤段、喷淋段和破沫网：

在汽化段上方到最下抽出线之间设置填料，这一塔段称为洗涤段，其目的是为了最大限度地减少雾沫夹带，降低侧线油的残炭和重金属含量。在填料上方设有液体分配器，其作用是将回流液体均匀喷洒到填料表面，以保证填料表面的有效利用率。为保证馏出油质量，要求在洗涤段上方还设有破沫网，其作用是除去气流中夹带的液滴。

2.2.6.3　干式减压蒸馏的优点和缺点

（1）干式减压蒸馏的优点。

① 有效降低装置总能耗，主要表现在以下三方面：

减少蒸汽消耗：干式减压蒸馏塔内和炉管不注入水蒸气，只需一种抽真空蒸汽，因而大大减少了蒸汽消耗，同时也减少了污水排放量。

此外，由于炉出口温度降低，油品分解减少使不凝气减少，抽真空系统的负荷也有所降低，因此抽真空蒸汽消耗反而有所减少。

降低减压炉负荷，节省燃料：干式减压塔顶残压低，达到同样的拔出率可以降低减压炉出口温度，因而减压炉负荷明显降低，节省了燃料。

降低塔顶冷凝冷却负荷：由于塔顶馏出物基本不含水蒸气，并且塔顶油气和不凝气相对减少，这样大大降低了塔顶冷凝冷却负荷，降低了电耗。

② 提高装置拔出率：由于闪蒸段压力降低，虽然减压炉出口温度低，但拔出率仍显著提高。

③ 改善产品质量：由于降低了减压炉出口温度，分解产物减少，使侧线产品颜色、残炭和重金属含量均有所改善。

（2）干式减压蒸馏的缺点。

① 操作灵活性不如湿式和半干式减压蒸馏；

② 生产润滑油原料时，残炭和重金属含量仍偏高。

2.2.6.4　填料的主要性能

（1）比表面积：是指单位体积填料所具有的表面积总和。比表面积越大，对传质传热越有利。

（2）空隙率：是指填料外的空间占堆积体积的百分率。空隙率越高，其阻力压降越小。

（3）当量理论板高度：是指相当于一块理论塔板的分离能力，所需要的填料层高度。当量理论板高度越小，分离效能越高。炼厂常用的英特洛克斯填料的当量理论板高度为 $560\sim740$mm。

2.2.6.5　真空度、残压与大气压关系及压力单位换算

真空系统内的绝对压强，称为"残压"，也称为"负压"。显然，真空度越高，残压越低。

压力表和真空表上的读数，分别称为"表压"和"真空度"，它们都不是容器内实际压力。

压力表上的读数，表示被测介质的绝对压强比大气压高的数值；真空表上的读数，表示被测介质的绝对压强比大气压低的数值。

压强的国际单位是"帕斯卡"，用"Pa"表示，即 N/m^2，$1Pa=1N/m^2$。

压强 p 与液柱高度 h 的关系是：

$$p=\rho gh$$

式中，p 为压强，Pa；ρ 为密度，kg/m^3；g 为重力加速度，$g=9.81\mathrm{m/s}^2$；h 为高度，m。

1atm＝101.3kPa＝1.033kgf/cm^2＝760mmHg＝10.33mH$_2$O。

2.2.7　减顶抽真空系统

2.2.7.1　抽真空系统的作用

把减压塔顶油气抽出，把其中的可冷凝组分冷凝为液体，并把常温常压下的不凝气升压至稍高于大气压后排出，以保证塔内真空度。

减压抽真空系统主要包括真空泵、中间冷凝器、液封罐等设备。

2.2.7.2　真空泵

减压蒸馏的核心设备是减压塔和塔顶抽真空系统。目前炼厂广泛使用的抽真空设备是真空泵，主要有蒸汽喷射泵、水环真空泵、往复真空泵等多种。

不管哪一种真空泵，都有以下两个主要性能参数：

（1）抽气速率：单位时间内真空泵在残余压力下吸入的气体体积量，单位为 m^3/h。

（2）残余压力：也叫极限真空度。由于冷凝器内有水蒸气，理论上冷凝器内的残压最低只能是该温度下水的饱和蒸气压，而实际减压塔顶的残压应为上述最低值加上冷凝器至塔顶的所有阻力压降，此时真空泵所能达到的最低压力，就称为残余压力，亦即极限真空度。

2.2.7.3　蒸汽喷射泵

（1）蒸汽喷射泵的工作原理。蒸汽喷射泵的工作原理是利用高压水蒸气喷射时形成的抽力，将系统内气体抽出，形成真空，如图 2-2 所示。

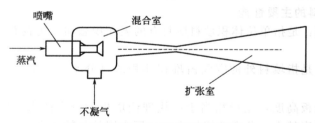

图 2-2　蒸汽喷射泵工作原理示意图

蒸汽高速通过喷嘴时，流速增大，压力降低，根据能量守恒定律，此时动能增加，静压能必然降低，这样在喷射器喉管形成负压，于是冷凝器中的不凝气被吸入，与蒸汽混合后进入扩压室；在扩压室中，由于截面积扩大，混合气速度逐渐降低而压力升高，动能又变为静压能，即可将混合气排出。

（2）喷射泵的最适宜工作介质。减顶抽真空喷射泵的最适宜工作介质是水蒸气，因为它提供的能量大，而且可以在级间冷凝器中冷凝为水被排走，不会增加后一级喷射器的吸入量。

抽真空蒸汽的温度，一般应超过相应压力下的蒸汽饱和温度 30℃，以确保入喷嘴蒸汽不带水，以避免高速下的侵蚀。

（3）蒸汽喷射泵的几个概念。喷射系数：蒸汽喷射泵吸入气体流量与工作蒸汽流量的质量比，称为喷射系数。它是衡量蒸汽喷射泵性能的主要指标。

压缩比：指蒸汽喷射泵排出压力与吸入压力的绝压之比。

极限反压强：就是其最大排出压强，是抽空器的一个重要参数。实际运行中不允许任何一级抽空器实际出口压强大于其极限反压强，否则会产生倒流现象，破坏整个抽真空系统。

（4）蒸汽喷射泵的安装。蒸汽喷射泵根据喷嘴数量，分为单喷嘴型和多喷嘴型两种。

蒸汽喷射器宜垂直安装，吸入室在上，扩压室在下。如果喷射器过长，也可水平放置，但吸入口必须向下，以避免吸入室积存冷凝液。

（5）蒸汽喷射器本身常见故障。一是喷嘴堵塞；二是喷嘴口径不符合设计要求；三是喷嘴安装未对准中心。若偏心，则真空度也抽不上去。

2.2.7.4 水环真空泵

工作原理：水环式真空泵的叶轮偏心地安装在泵壳内，叶轮上有径向叶片。启动前泵内装入约泵壳体积一半的水，当叶轮按顺时针旋转时，水受离心力作用被抛向四周，形成一个决定于泵腔形状的近似于等厚度的封闭"旋转水环"。水环的上部分内表面恰好与叶轮轮毂相切，水环的下部分内表面刚好与叶片顶端接触（实际上叶片在水环内有一定的插入深度），此时叶轮轮毂与水环之间形成一个月牙形空间，这一空间又被两叶片与水环分成叶片数目相等的小腔。若以叶轮上部 0° 为起点，那么叶轮在旋转前 180° 时小腔的容积由小变大，产生真空，气体由分配板的吸气口吸入，当吸气终了时，小腔则与吸气口隔绝。当叶轮继续旋转时，密封腔容积逐渐缩小，气体被压缩，并由分配板的排气口排出泵外，部分水环的水随之带走。运行中必须连续向泵内供水，以保持泵内水环稳定。

水环泵的抽气能力，与工作液温度有关（通常为常温清水），温度尽量不超过 40℃。

工作液的作用归纳为三：一是起液环作用；二是带走气体压缩热，并且冷却轴封等；三是密封叶轮与分配板之间的间隙。

2.2.7.5 不同真空泵的优缺点

水环泵是靠泵腔容积变化实现吸气、压缩和排气的，因此它属于容积式真空泵。它能获得的极限真空，对单级为 2.66～9.3kPa。由于水环泵中气体压缩是等温的，因此可抽除易燃易爆的气体，此外还可抽除含尘、含水的气体。水环泵也可用作压缩机，称为水环式压缩机（属于低压压缩机），其压力范围为 $1×10^5～2×10^5Pa$（表）。

（1）蒸汽喷射泵结构简单，没有运转部件，使用可靠并且无需动力机械，缺点是其能量利用率特别低（只有 2% 左右）。而机械真空泵能量利用率一般比蒸汽喷射泵高 8～10 倍，还减少污水量。

（2）水环式真空泵，其优点是结构简单紧凑、无机械摩擦、无润滑、使用寿命长、操作简单，适用于无颗粒、无腐蚀且不溶于水的气体；缺点是效率低，只有 30%～60%，运行中因排出的气体会带走一部分水，必须定时向泵内补充水，操作温度不能大于 60℃。

（3）水环式真空泵也可用油作介质，真空度可达 67～80kPa。

2.2.7.6 减顶冷凝器

减顶冷凝器的作用，是减小蒸汽喷射器的吸气量，降低吸气温度。

减压塔顶抽真空系统中的冷凝器，有水冷式和空冷式之分。

水冷式冷凝器又分为直接冷凝器和间接冷凝器。直接冷凝器的冷却水与减顶馏出物直接接触，会产生大量含油含硫污水，目前炼厂已不采用。间接冷凝器均用浮头式管壳冷凝器，气体走壳程，水走管程，可以减少含油含硫污水，但冷却终温受水温影响而偏高，真空度受到限制。

当用水冷式冷凝器时，蒸汽喷射器的抽空能力受水温的限制，因为当系统残压等于该温度下水的饱和蒸气压时，塔顶残压就不再降低了。

空冷器也是间接冷凝器，它既可以减少含油含硫污水量，又可保持高真空，目前炼厂普遍采用。

空冷器又分为干式空冷器和湿式空冷器，其不同点就是向翅片管侧喷洒雾状水，依靠水对空气的增湿和翅片管上的蒸发，降低空气温度，强化传热，最终降低油温。

2.2.7.7　大气腿

冷凝器在真空下操作，为使冷凝水顺利排出，防止空气倒吸入塔内，冷凝器下部都装有一根管子，此排液管称为大气腿。排出管内的水柱高度应足以克服大气压力与冷凝器内残压的压差及管内阻力。一般要保证101.3kPa的水柱高度，即10.33m水柱高度以上。

2.2.7.8　减顶水封罐

(1) 减顶水封罐的作用：将减顶冷凝物分离成油和水；对大气腿进行水封，防止空气进入而破坏真空度，甚至发生爆炸。

(2) 减顶水封罐的投用：打开倒U形管顶部阀门，改通进出口流程；打开补水阀，水位至中部，待来油后启动减顶泵，控制油位在中部；水位正常后，关闭补水阀。

(3) 水封罐的常用结构，有单隔板、双隔板、倒U形管等。

2.2.7.9　减压塔顶一般只采用塔顶循环回流而不用塔顶冷回流的原因

由于大量产品从减一线抽出，塔顶气、液相负荷较小，同时为了降低塔顶气相流量，减小塔顶抽真空系统的负荷，减压塔顶一般不出产品。也正因为塔顶没有产品馏出，所以减压塔顶只采用塔顶循环回流，而不用塔顶冷回流。

2.2.7.10　减压炉炉管要逐级扩径的原因

因为随着汽化率的增大，油品在炉管内的流速和压力降增加，如果在汽化点以后炉管不扩径或扩径不够，油品在炉管内的温度会高于出口温度，引起裂解而结焦，并且进入转油线时截面突然扩大而形成涡流损失。为了保证管内介质在接近等温条件下汽化，减小压降并防止局部过热，通常减压炉炉管逐级扩径（辐射室出口炉管扩径是为了提高炉出口汽化率、提高产品收率）。

2.2.7.11　增压喷射器

在干式减压蒸馏所要求的高真空下，部分塔顶油气因压力过低，在第一级冷凝器中不能完全冷却下来。使用大压缩比（6～8）的大真空泵可以将塔顶油气压力提高到在常规冷却器中能够冷凝的压力，因此就称为增压喷射器。它安装在塔顶油气进入第一个冷凝器前，由于它与塔顶馏出线直接连接，之前没有冷凝器，因而就摆脱了水温的限制，残压较低。

2.3 装置工艺流程

2.3.1 常减压部分

原油自灌区经泵升压后送入装置分两路。第一路原油依次经 E1035A/B（原油-常顶油气换热器）、E1001A/B（原油-减一中线换热器）、E1002A/B（原油-常二线Ⅲ换热器）、E1003A/B（原油-常顶循油Ⅰ换热器）和 E1004A/B（原油-减二中线Ⅱ换热器）与热源换热；另一路原油依次经过 E1035C/D（原油-常顶油气换热器）、E1005A/B（原油-常一线油换热器）、E1006A/B（原油-常顶循油Ⅱ换热器）、E1007（原油-常二线油Ⅱ换热器）和 E1008（原油-常一中换热器）与热源换热后两路合并约 140℃进入 V1001A～C（原油电脱盐罐）。

经三级脱盐脱水的脱后原油分为两路。第一路脱后原油依次经 E1009（原油-减三线油换热器）、E1010A/B（原油-减压渣油Ⅲ换热器）、E1011A/B（原油-减三中线油Ⅱ换热器）和 E1034A（原油-常二中换热器）与热源换热；另一路脱后原油依次经过 E1012（原油-常三线油换热器）、E1013（原油-减二中线油Ⅰ换热器）、E1014A-D（原油-减三中线油Ⅲ换热器）、E1015（原油-常二线油Ⅰ换热器）和 E1034B（原油常二中换热器）与热源换热。换热后的两路原油合并后约 242℃进入 T1001 初馏塔（图 2-3）。

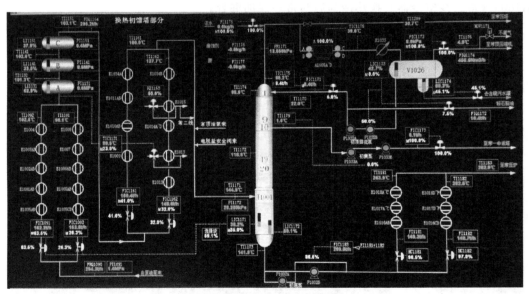

图 2-3 换热初馏塔部分 DCS 流程

初馏塔顶油气在原料油较轻时经过初顶空冷器 A1005A～D 和初顶后冷器 E1033A/B 冷却至 40℃进入初顶回流罐 V1026 分液，初顶不凝气经常顶压缩机压缩后送至焦化装置，石脑油由泵 P1032A/B 抽出后一部分作为回流返至初馏塔，另一部分和常顶油合并后出装置，初侧油由泵 P1033A/B 自初馏塔第 9 层塔盘抽出送至常一中油返塔线，一起返至常压塔；原料油较重时，初馏塔可以作为闪蒸塔使用，初顶油气直接送至常压塔第 18 层塔盘（图 2-4）。

初底油由 P1002A/B（初底油泵）抽出后分两路。第一路经 E1016A/B（初底油-减压渣油Ⅱ换热器）、E1017A～C（初底油-减三中线油Ⅰ换热器）和 E1018A～C（初底油-减压渣油Ⅰ换热器）与热源换热；另一路经 E1016C/D（初底油-减压渣油Ⅱ换热器）、E1017D～F（初底油-减三中线油Ⅰ换热器）和 E1018D～F（初底油-减压渣油Ⅰ换热器）与热源换热。两路初底油合并后约 310℃ 进常压炉，经加热至 368℃ 进入 T1002（常压塔）。

T1002 塔顶油气经 A1001A～H（常顶油气空冷器）和 E1022A/B（常顶后冷器）冷却至 40℃ 后进入 V1002（常顶回流罐）进行气液分离。分离出的不凝气和初顶不凝气一起经常顶压缩机加压后送至焦化装置；分离出的常顶油经 P1003A/B（常顶回流泵）升压后分为两路，一路作为塔顶回流返回常压塔顶；另一路作为石脑油和初顶油一起送至重整装置。

常一线油自 T1002 第 15（17）层塔板自流进入 T1003（常压汽提塔）上段，经 0.3MPa 过热蒸汽汽提后的常一线油由 P1006A/B（常一线油泵）抽出，经 E1005A/B、A1002（常一线空冷器）和 E1023A/B（常一线冷却器）换热冷却至 40℃ 作为柴油与常二线合并后送至柴油精制部分。

常二线油从 T1002 第 29（31）层塔板自流进入 T1003 下段，经 0.3MPa 过热蒸汽汽提后的常二线油自 P1007A/B（常二线油泵）抽出，经 E1015、E1007、E1002A/B 和 A1003（常二线空冷器）换热冷却后与常一线油混合。

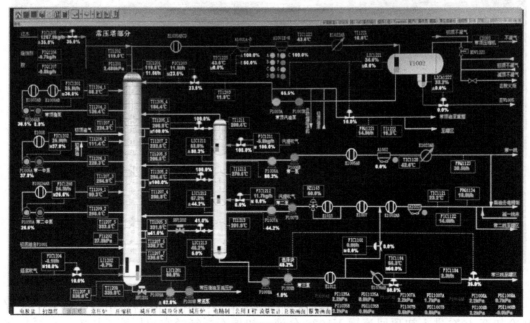

图 2-4　常压塔部分 DCS 流程

常三线油从 T1002 第 41（43）层塔盘 P1008A/B（常三线油泵）抽出，经 E1012 换热后与减压蜡油混合出装置。

常顶循油由 P1004A/B（常顶循油泵）自 T1002 第 5 层塔盘抽出，经 E1003A/B 和 E1006A/B 与冷源换热后返回第二层塔盘上。

常一中油经 P1005A/B（常一中油泵）自 T1002 第 21 层塔盘抽出，经 E1008 与冷源换热后返回第 18 层塔盘上。

常二中油经 P1035A/B（常二中油泵）自 T1002 第 35 层塔盘抽出，经 E1034A/B 与冷源换热后返回第 32 层塔盘上。

常压塔底油经过过热蒸汽汽提后由 P1009A/B（常底油泵）抽出，送到 F1002（加压炉）经加热至 385℃后，进入 T1004（减压塔，如图 2-5 所示）。

T1004 塔顶气体经 EJ1001A/B（减顶增压器）、E1028A/B（减顶增压冷凝器）、EJ1002A/B（减顶一级抽空器）、E1029（减顶一级抽空冷凝器）后经液环泵 P1029 升压后，污水进入 V1003（减顶分水罐）进行油水分离。V1003 分出的污水由 P1019（减顶水泵）送出装置；V1003 分出的凝缩油经 P1010A/B（减顶油泵）送出装置。不凝气作为燃料送减压炉。当液环泵故障时，油气可由备用的 EJ1003（减顶二级抽空器）、E1030（减顶二级抽空冷凝器）抽出和冷凝。

减一线及减一中油由 P1011A/B（减一线及一中泵）抽出后分为两路，一路返回减压塔，另一路经 E1001A/B（原油-减一中换热器）、A1004A/B（减一中线空冷器）和 E1024A/B（减一中线冷却器）换热冷却后分为两路：一路作为减一中返回 T1004；另一路作为柴油送至柴油电精制部分。

减二线及二中油由 P1012（减二线及二中泵）抽出，经 E1021（减二中线蒸汽发生器）、冷却后分为两路：一路作为减二中返回 T1004；另一路作为减压蜡油出装置。

减三线及三中油由 P1013（减三线及三中泵）抽出分为两路：一路作为洗涤油返塔；另一路经 E1017A～F、E1011A/B 和 E1014A～D 换热到 216℃后再分为两路：一路作为减三中返回 T1004；一路经 E1009 换热后作为减压蜡油并入减二线蜡油。

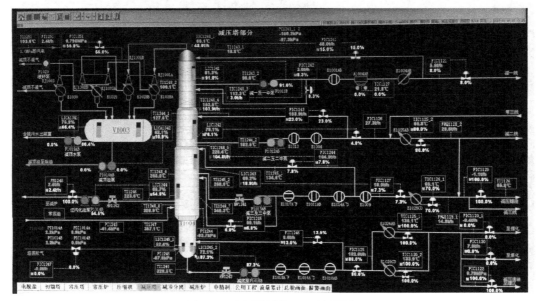

图 2-5　减压塔部分 DCS 流程图

减压过汽化油经泵 P1014A/B（过汽化油泵）抽出与常压渣油混合后进入减压炉。

当蜡油冷出料时，蜡油经 E1025A～D（蜡油-低温水换热器）冷却后出装置。

减压渣油由 P1015A/B（减压渣油泵）抽出，经 E1018A～F、E1016A～D 和 E1010A/B 换热至 200℃后分为两路：一路作为急冷油返回减压塔底部，另一路作为焦化原料直接出装置。当需要冷出料时，经 E1026A～D（减渣-低温水换热器）冷却后出装置。

2.3.2 电脱盐部分

电脱盐部分DCS流程见图 2-6。原油经过换热至 140℃，与来自破乳剂泵的破乳剂、来自脱金属泵的脱金属剂、来自一级注水泵的水混合，乳化液分为两路进入一级电脱盐罐内上、下两个强电场进行脱盐脱水，含盐污水降至电脱盐罐底，排出罐外至聚集性油水分离器和含油污水过滤器处理后排出；原油从一级电脱盐罐顶出来，与来自破乳剂泵的破乳剂、脱金属泵的脱金属剂、注水泵的水混合，乳化液分为两路进入二级电脱盐罐内下两个强电场进行脱盐脱水，含盐污水降至电脱盐罐底，排出罐外斜板除油器处理后排出；原油从二级电脱盐罐顶出来，与来自破乳剂泵的破乳剂、来自脱金属泵的脱金属剂、来自注水泵的水混合，乳化液分为两路进入三级电脱盐罐内下两个强电场进行脱盐脱水，含盐污水降至电脱盐罐底，排出罐外至经一级注水泵加压后注入一级电脱盐罐前；原油从三级电脱盐罐顶出来，至后续换热单元。

破乳剂经破乳剂添加泵抽至破乳剂储罐，再经注乳剂泵加压后分别注入一级、二级和三级电脱盐混合阀前。

脱金属剂经脱金属剂添加泵抽至脱金属剂储罐，再经注脱金属剂泵加压后分别注入一级、二级和三级电脱盐混合阀前。

酸性水汽提后净化水至注水泵，经泵加压后和一、二级电脱盐排水换热，温度约至

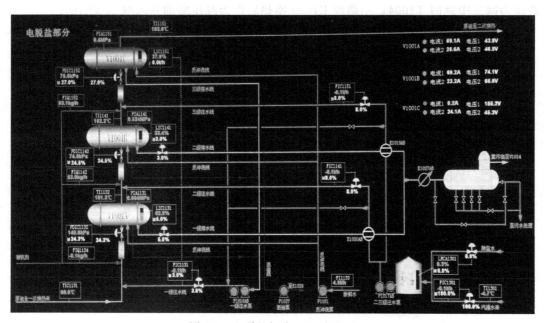

图 2-6　电脱盐部分 DCS 流程图

80℃后，经二、三级电脱盐注水流量调节后分别注入二、三级电脱盐混合阀前；三级电脱盐排水经一级注水泵加压后，经一级电脱盐注水流量调节后注入一级电脱盐混合阀前；一、二级电脱盐排水经和二、三级注水换热后排至罐外斜板除油器，经处理后排出。为了操作的灵活性，在流程设置上，还准备了一级电脱盐直接注酸性水汽提后的净化水流程。

电脱盐系统运行一段时间后，原料油中的泥沙等杂质会沉积在电脱盐罐底和上部电场的水盘内，在系统中专门设置了不停工水冲洗装置。不停工水冲洗装置由水冲洗泵和电脱盐罐内的水冲洗喷嘴组成。工业水自装置外来，经净水冲洗泵加压后分别进入一、二、三级电脱盐罐对罐底和上部电场的水盘进行冲洗，含泥沙污水排出罐外。对电脱盐罐定期进行冲洗。

2.4　装置各采出产品控制指标

采用不同原油生产时，常减压装置上所采出汽油、常一线油、常二线油及渣油的控制指标有所不同，将装置采用不同原油所产油品的控制指标列于表 2-2～表 2-7 中。

表 2-2　采用穆尔班原油所产油品的控制指标

项目	汽油	常一	常二	渣油
相对密度	0.7107	0.797	0.8409	渣油残炭:16.8
初馏点/℃	43	164	184	
10%馏出温度/℃	66	185	245	
50%馏出温度/℃	107	218	308	
90%馏出温度/℃	148	258	364	
95%馏出温度/℃	158	266	386	
终馏点/℃	185	290		
氮含量/10^{-6}	1.36			
硫含量/10^{-6}	305.58			

表 2-3　采用索科尔原油所产油品的控制指标

项目	汽油	常一	常二	渣油
相对密度	0.733	0.823	0.8646	渣油残炭:14.72
初馏点/℃	45	165	194	
10%馏出温度/℃	72	188	247	
50%馏出温度/℃	114	222	308	
90%馏出温度/℃	147	258	346	
95%馏出温度/℃	154	262	358	
终馏点/℃	183	285		
氮含量/10^{-6}	1.34			
硫含量/10^{-6}	133.78			

表 2-4　采用马瑞原油所产油品的控制指标

项目	汽油	常一	常二	沥青	202 罐
相对密度	0.7422	0.8291	0.8845	软化点:45.8℃	软化点:45.4℃
初馏点/℃	55	165	174	针入度:8.8mm	针入度:9mm
10%馏出温度/℃	83	190	247	闪点:250	闪点:252
50%馏出温度/℃	117	235	320		蒸发损失:—0.17%
90%馏出温度/℃	147	280	366		针入度比:63%
95%馏出温度/℃	157	291	380		
终馏点/℃	180	300			
氮含量/10^{-6}	1.27				
硫含量/10^{-6}	467.51				

表 2-5　采用福蒂斯原油所产油品的控制指标

项目	汽油	常一	常二	渣油
相对密度	0.7039	0.8008	0.8433	渣油残炭:16.5
初馏点/℃	37	147	175	
10%馏出温度/℃	56	171	238	
50%馏出温度/℃	100	213	305	
90%馏出温度/℃	146	260	341	
95%馏出温度/℃	154	270	355	
终馏点/℃	176	285		
氮含量/10^{-6}	1.37			
硫含量/10^{-6}	319.02			

表 2-6　采用巴士拉原油所产油品的控制指标

项目	汽油	常一	常二	沥青
相对密度	0.6964	0.8187	0.8737	软化点:46.4℃
初馏点	43	165	193	针入度:8.1mm
10%馏出温度/℃	70	183	270	闪点:278
50%馏出温度/℃	105	225	330	
90%馏出温度/℃	142	280	363	
95%馏出温度/℃	151	292	372	
终馏点/℃	174	306		
氮含量/10^{-6}	1.24			
硫含量/10^{-6}	1077.71			

表 2-7　采用卡斯原油所产油品的控制指标

项目	汽油	常一	常二	沥青
相对密度	0.6972	0.8403	0.8853	软化点:47.2℃
初馏点/℃	40	158	156	针入度:8mm
10%馏出温度/℃	51	200	235	闪点:238

续表

项目	汽油	常一	常二	沥青
50%馏出温度/℃	87	240	322	
90%馏出温度/℃	143	280	365	
95%馏出温度/℃	151	288	380	
终馏点/℃	175	304		
氮含量/10^{-6}	1.24			
硫含量/10^{-6}	123.43			

2.5 装置工艺指标

浩业常减压装置主要工艺指标见表2-8。

表 2-8 装置工艺指标

序号	项目		单位	数值
1	初馏塔	处理量	t/h	375
2		塔顶温度	℃	90~115
3		塔顶压力	MPa	≤0.35
4		塔底液位	%	40~60
5		V102 液位	%	40~60
1	常压炉	常压炉入口温度(原油换热中温)	℃	250~310
2		常压炉出口温度	℃	360~370
1	常压塔	常压塔顶压力	MPa(G)	≯0.2
2		常压塔顶温度	℃	90~115
3		常顶循温度(抽出/返回)	℃	140/100
4		常顶回流罐温度	℃	≯40
5		第一线抽出温度	℃	180~20
6		第二线抽出温度	℃	270~290
7		第三线抽出温度	℃	297~330
8		常一中温度(抽出/返回)	℃	255/120
9		常二中温度(抽出/返回)	℃	310/180
10		常压塔底温度	℃	350~360
1	减压炉	减压炉进料温度	℃	345~355
2		减压炉出口温度	℃	375~385
1	减压塔	减压塔顶压力	kPa	−95~−100
2		减顶回流温度	℃	30~50
3		减压塔顶温度	℃	≤90
4		减顶循及减一线抽出温度	℃	100~150
5		减二线抽出温度	℃	240~260
6		减一中温度(抽出/返回)	℃	230/118
7		减三线抽出温度	℃	300~320
8		减二中温度(抽出/返回)	℃	300/170
9		过汽化油抽出温度	℃	336
10		减压塔底温度	℃	360~370

注:≯意为不大于,≮意为不小于。

2.6 常减压蒸馏产品、性质及控制要求

2.6.1 常减压蒸馏产品及其性质

2.6.1.1 常减压蒸馏产品

当采用初馏塔时，塔顶可分出窄馏分重整原料或汽油组分。

常压塔能生产如下产品：塔顶生产汽油组分、重整原料、石脑油；常一线生产喷气燃料（航空煤油）、灯用煤油、溶剂油、化肥原料、乙烯裂解原料或特种柴油；常二线生产轻柴油、乙烯裂解原料；常三线生产重柴油或润滑油原料。

减压塔能生产如下产品：减一线出重柴油、乙烯裂解原料，减压各侧线油作为催化裂化原料、加氢裂化原料、润滑油基础油原料和石蜡的原料，减压渣油可作为焦化、溶剂脱沥青、氧化沥青和减黏裂化的原料，以及燃料的调和组分。

2.6.1.2 常减压蒸馏产品性质

常减压蒸馏装置产品的部分质量指标有密度、黏度、凝点、初馏点、终馏点、馏程、残炭、冰点、结晶点、闪点、水分、微量元素等（轻烃回收装置有 C_5 含量）。

（1）黏度。当油品分子作相对运动时，油品内部呈现出对抗此运动的一种阻力（或摩擦力）称为黏度。黏度是评价油品流动性的指标，是油品特别是润滑油的重要质量指标，对油品流动和输送时的流量和压力降有重要影响。石油产品的规格中，大都采用运动黏度，润滑油的牌号很多是根据其运动黏度的大小来规定的。

（2）残炭。将油品放入残炭测定器中，在不通入空气的条件下加热，油品中的多环芳烃、胶质和沥青质等受热蒸发、分解并缩合，排出燃烧气体后所剩下的鳞片状黑色残余物，称为残炭，以质量百分数表示。残炭的多少主要取决于油品的化学组成，残炭多说明油品容易氧化生成胶质或积炭。

（3）冰点。燃料中芳烃含量多，溶解水分增加，当温度降低时，水分便析出结晶冰粒，这个温度叫该燃料的冰点。它是喷气燃料的低温性能控制指标之一。

（4）结晶点。燃料中含蜡量多，当温度降到一定程度时就会析出石蜡晶体，这个温度叫该燃料的结晶点。它也是喷气燃料的低温性能控制指标之一，也取决于燃料的化学成分，当馏程切割恰当时，不必脱蜡就能达到−60℃以下的结晶点。

（5）闪点。石油产品在规定条件下加热到它的蒸气与火焰接触会发生闪火时的最低温度称为闪点。闪点分为开口闪点和闭口闪点两种。在开口闪点仪中测得的是开口闪点，开口闪点仪中油品蒸气可以自由扩散到周围空气中。测定石油产品闪点的作用是由油品闪点可判断其馏分组成的轻重：一般规律是馏分组成越轻，油品闪点越低；由闪点可鉴定油品发生火灾的危险性，因为闪点是火灾出现的最低温度，闪点越低，燃料越易燃，火灾危险性越大。

（6）微量元素。微量元素包括金属元素与非金属元素，在金属元素中最重要的是钒（V）、镍（Ni）、铁（Fe）、铜（Cu）、铅（Pd），在非金属元素中主要有氯（Cl）、硅（Si）、磷（P）、砷（As）等，这些元素虽然含量少，但对原油炼制工艺过程及产品影响很大。

2.6.2 常减压蒸馏产品控制要求

2.6.2.1 汽油

（1）蒸发性。反映蒸发性的主要指标是馏程和饱和蒸气压。

馏程：一般要求测出 10％、50％、90％馏出温度和干点等，规定汽油 10％馏出温度是为了保证汽油具有良好的启动性能。使用 10％馏出温度过高的汽油，冬季发动机启动时可能发生困难，我国车用汽油规定 10％馏出温度不大于 70℃。规定 50％馏出温度是为了确保汽油馏分的组成分布均匀，使发动机具有良好的加速性和平稳性，保证其最大功率和爬坡能力，一般规定车用汽油的 50％馏出温度不高于 120～145℃。90％馏出温度和干点表示汽油在气缸中蒸发的完全程度。这两个温度过高，表明汽油中重组分过多，使得汽油在气缸中燃烧不完全，发动机的功率和经济性下降，并造成燃烧室中结焦和形成积炭，影响发动机正常工作。我国规定车用汽油 90％馏出温度不高于 190℃，干点不高于 205℃。

饱和蒸气压：用 GB/T 257 测定汽油的雷德蒸气压（RVP），燃料气：液＝4：1（38℃）。它是衡量汽油产生气阻、储存运输中的损耗指标。

（2）汽油的安定性。反映汽油在常温、液相条件下抵抗氧化的能力。

碘值：100g 汽油所消耗的碘的克数。

实际胶质：150℃的热空气吹过 100mL 汽油表面蒸发至干所留下的棕色或黄色残余物的毫克数。

改善汽油安定性的方法：精制除去不饱和烃和非烃化合物；加入适量的抗氧化剂和金属钝化剂。

（3）汽油的抗爆性。衡量燃料是否易于发生爆震燃烧的性质。

反映汽油抗爆性的指标是辛烷值。辛烷值（OctaneNumber，ON）是在标准的试验用可变压缩比单缸汽油发动机中，将待测试样与标准燃料试样进行对比试验测得的。测定方法有马达法和研究法。

相对分子质量相近时，辛烷值高低有如下规律：芳香烃＞异构烷烃和异构烯烃＞正构烯烃和环烷烃＞正构烷烃。

改善汽油抗爆性的方法：调和高辛烷值的催化裂化汽油或催化重整汽油；调和高辛烷值组分，如烷基化油、MTBE、TAME。

欧洲议会 1998 年通过立法，要求实施清洁汽油配方：苯含量不大于 1％（体积分数）；芳烃含量不大于 42％（体积分数）；烯烃含量不大于 18％（体积分数）；硫含量不大于 50μg/g。

2.6.2.2 喷气燃料（航空煤油）

为了保证燃料系统在高空条件下可靠地运行，要求燃料低温性能好，不产生气阻，具有良好的安定性，对高压油泵具有良好的润滑性，不腐蚀金属，有良好的洁净度，其他使用性能如抗静电性和闪点等符合要求。

（1）喷气燃料的燃烧性。喷气燃料的启动性、燃烧稳定性及燃烧完全度取决于燃料的自燃点、着火延滞期、燃烧极限、燃料蒸发性能和黏度等。

积炭的倾向取决于燃烧室的构造、发动机的工作条件和燃烧性质，特别是化学组成。表征积炭倾向的指标是：萘系烃的含量、烟点和辉光值。

烟点：又称无烟火焰高度，是指油料在标准灯具中做点灯试验所能达到的无烟火焰的最大高度，单位为 mm，指标为≥25mm。

喷气燃料的热值有质量热值（kJ/kg）、体积热值（kJ/dm³）。质量热值大，发动机的推力就大，耗油率低；质量热值与 H/C 有关。体积热值大，可以延长航程；它与密度有关。

（2）喷气燃料的安定性。

① 储存安定性：喷气燃料在储存过程中易起变化的指标有胶质、酸度和颜色等。

② 热安定性：燃料中的不安定组分容易氧化生产胶质和沉淀，燃料中的芳烃、胶质和含硫化合物会使热安定性明显变差。

（3）喷气燃料的低温性能。喷气燃料的低温性能指在低温条件下燃料在飞机燃料系统中能否顺利泵送和过滤的性能，用结晶点或冰点来表示。喷气燃料在降温过程中开始出现结晶的温度成为结晶点。相对分子质量较大的正构烷烃及某些芳烃的结晶点较高，而环烷烃和烯烃的较低。闪点保证燃料在供油系统中不产生气阻。

2.6.2.3　溶剂油

常减压蒸馏装置生产溶剂油要控制馏程、闪点、芳烃含量、密度等指标，以保证其有良好的溶解能力、适当的挥发度，以及对金属物的腐蚀应符合国家劳动保护和安全生产要求。

2.6.2.4　柴油

常减压蒸馏装置能控制柴油的馏程、凝点、闪点等指标，保证柴油启动性能好，蒸发和燃烧速度快又不引起爆震，保证在低温下不失去流动性又达到储存和运输安全的要求，控制重柴油的馏程、密度、闪点、黏度等质量指标，保证产出的重柴油易完全燃烧，保证使用的安全和不污染环境。对于轻柴油来说，其使用性能概括起来有以下几个方面：具有良好的雾化性能、蒸发安定性和热安定性。

（1）柴油的雾化性能、蒸发性能和燃烧性能。轻柴油的蒸发性能：国产轻柴油规格指标要求其 300℃馏出量不得小于 50%，350℃馏出量不小于 90%～95%。重柴油的要求不高，没有严格规定馏分组成，只限制了残炭量。

柴油的燃烧性能：柴油的燃烧性能用十六烷值作为衡量的指标，十六烷值也是关系到节能和减少污染的指标，是在标准的单缸柴油中测定的。十六烷值表示与试油抗爆性相同的标准燃料中正十六烷的体积百分数。标准燃料是由人为规定十六烷值为 100 的正十六烷和十六烷值为 0 的 α-甲基萘按不同体积百分比混合而成的。例如，某柴油的抗爆性与含 52%正十六烷的标准燃料的抗爆性相同，该油的十六烷值就等于 52。十六烷值与化学组成的关系大体规律如下：正构烷烃十六烷值最高，异构烷烃的十六烷值低于正构烷烃，正构烯烃十六烷值较高，环烷烃十六烷值较低，芳烃十六烷值最低。

（2）柴油的低温流动性。国产柴油以凝点表示其低温性能，它是保证柴油输送和过滤性的指标。国产柴油用凝点作为商品牌号，例如，0 号、−10 号轻柴油，分别表示其凝点不高于 0℃、−10℃。

（3）柴油的安全性。柴油的使用储存安全性用闪点来表示。

《世界燃油规范》中柴油Ⅱ类标准：十六烷值为 53，硫含量为 0.03%，总芳烃含量为 25%，多芳烃含量为 5%（体积分数），95%馏出温度为 355℃。

2.6.2.5　炉用燃料油

由于燃料油是直接喷入炉膛燃烧的，主要质量要求有黏度、闪点、凝点、灰分、水分、含硫量和机械杂质等。重油的黏度是为了保证喷雾状态良好，使得燃烧正常、完全。不同类型的喷油嘴，要求使用不同黏度的燃料油，黏度同时也直接影响油品的泵送能力。

2.6.2.6　常压重油作为重油催化裂化装置的原料时的注意事项

常压重油作为重油催化裂化装置的原料时，需控制常压重油钠离子的含量，以防止催化剂中毒，通常常减压蒸馏装置脱后含盐量达到 3mg/L 时，就能满足常压重油的钠离子含量小于 1μg/g 的要求。

2.6.2.7　减压蜡油作为催化裂化原料时的控制指标

减压蜡油在炼油厂中一般作为加氢裂化和催化裂化装置的原料，加氢裂化装置对减压蜡油要求控制残炭、重金属含量、含水量的指标，同时要观察颜色和及时监测密度，以防止加氢裂化催化剂中毒失活，防止加氢裂化催化剂的强度的降低，进而控制剂耗。减压蜡油作为催化裂化原料时，其中的重金属会沉积在催化剂上，使催化剂失去活性，导致脱氢反应增多，气体及生焦量增大。因此，要控制重金属含量，当催化裂化采用掺炼渣油的工艺（如重油催化裂化工艺）时，减压蜡油的残炭、重金属含量等指标影响渣油掺入量。

第 3 章

操作指南

3.1 电脱盐系统操作指南

3.1.1 脱盐温度控制

原油温度高低对于脱盐效率高低影响较大，为此应避免原油温度突然大幅度波动，变化温度不应超过 3℃/15min，最佳温度为（140±5）℃。温度过低，则脱盐率下降；温度过高，则会因原油汽化或电导率增大而引起操作不正常，因原油导电性随温度升高而增大，这样电流的增加就会使电极板上的电压降低，会影响脱盐效果。渣油量及渣油温度变化、各侧线量及侧线温度变化、原油含水，都将影响进料温度和换热终温。

电脱盐罐进料温度 TIC1131 控制：

控制范围：135～145℃。

控制目标：±2℃。

相关参数：原油进装置温度 TI1091；E1035A/B、E1001A/B、E1002A/B、E1003A/B、E1004 换热后温度 TI1092；E1035C/D、E1005A/B、E1006A/B、E1007、E1008 换热后温度 TI1101；与原油换热相应的侧线流量和温度。

控制方式：人工手动调节或 DCS 自动调节控制。

具体操作见表 3-1。

表 3-1　脱盐温度控制

正常调整	异常处理		
	现象	原因	处理方法
a. 联系罐区原油岗，将原油温度控制在 55～65℃ b. 用减二线和常二线三通阀或其他副线调整控制进入换热器的流量。温度高时可减少热料进入换热器，温度低时可增加热料进入换热器	a. 电脱盐罐进料温度低于 130℃ b. 电脱盐罐进料温度高于 150℃	进料温度低于 130℃的原因： a. 原油罐区来的原油温度低于 55℃ b. 换热器提供热源的侧线温度低	a. 联系原油岗位将原油来料温度控制在 55～65℃ b. 提高提供热源的换热器所对应的侧线温度
		进料温度高于 150℃的原因： a. 原油罐区来原油温度高于 65℃ b. 换热器提供热源的侧线温度高	a. 联系原油岗位降低原油来料温度使之在 55～65℃ b. 降低提供热源的换热器所对应的侧线温度

3.1.2 电脱盐罐内压力控制

罐内控制一定压力是为了控制原油的蒸发,如果产生蒸汽轻则将导致操作不正常,重则引起爆炸,因此,罐内压力必须维持到高于操作温度下原油和水的饱和蒸气压,V1001A/B/C 安全阀定压 2.4MPa(表压)。

控制范围:1.0~1.60MPa。

控制目标:±0.2MPa。

相关参数:原油进装置压力,脱前原油两路控制阀 FIC1091、FIC1092 开度,脱后原油两路控制阀 FIC1161、FIC1162 开度。

控制方式:人工手动调节或 DCS 自动调节控制。

具体操作见表 3-2。

表 3-2 电脱盐罐内压力控制

正常调整	异常处理		
	现象	原因	处理方法
a. 联系罐区调整原油泵出口阀门开度,使电脱盐罐压力在 1.0~1.6MPa 范围内 b. 调整脱前原油控制阀 FV1091、FV1092 的开度,使电脱盐罐压力在 1.0~1.6MPa 范围内	a. 电脱盐罐内压力低于 1.0MPa b. 电脱盐罐内压力高于 1.60MPa	电脱盐罐内压力低于 1.0MPa 的原因: a. 原油泵出口压力低 b. 脱前原油控制阀 FV1091、FV1092 开度小	a. 调整原油泵出口阀门开度,直到电脱盐罐内压力在 1.2~1.6MPa 范围内 b. 调整脱前原油控制阀 FV1091、FV1092 的开度,直到电脱盐罐内压力在 1.2~1.6MPa 范围内
		电脱盐罐内压力高于 1.6MPa 的原因: a. 原油泵出口阀门开度大 b. 脱前原油控制阀 FV1091、FV1092 的开度大	a. 调整原油泵出口阀门开度,直到电脱盐罐内压力在 1.2~1.6MPa 范围内 b. 调整脱前原油控制阀 FV1091、FV1092,直到电脱盐罐内压力在 1.2~1.6MPa 范围内

3.1.3 混合压降控制

当油、水、破乳剂通过混合阀时,混合压降适中可使三者充分地混合,而不形成过乳化液,压降过低,则达不到破乳剂和水在原油中充分扩散的目的;压降过高,则产生过乳化,使脱盐率大大下降。

电脱盐罐混合阀 PdIC 1132/1142/1152 压降控制:

控制范围:35~85kPa。

控制目标:±10kPa。

相关参数:原油泵出口压力,电脱盐罐现场压力表指示,二路原油控制阀 FIC1091、FIC1092 的开度,控制阀开度 FV1161、FV1162。

控制方式:人工手动调节或 DCS 自动调节控制。

具体操作见表 3-3。

表 3-3　混合压降控制

正常调整	异常处理		
	现象	原因	处理方法
a. 调整 PdIC1132、PdIC1142、PdIC1152 输出风压，使其压力在 35～85kPa 范围内 b. 调整原油泵出口压力或控制阀 FV1091、FV1092 开度，使其压力在 55～85kPa 范围内	a. 混合阀 PdIC1132、PdIC1142、PdIC1152 压降低于 35kPa	混合阀 PdIC1132、PdIC1142、PdIC1152 压降低于 55kPa 的原因： a. 混合阀 PdIC1132 压降输出风压小 b. 原油泵出口压力低	a. 提高混合阀 PdIC1132、PdIC1142、PdIC1152 压降输出风压，使其压降在 55～85kPa 范围内 b. 调整原油泵出口开度，提高原油流速，使其压降在 55～85kPa 范围内
	b. 混合阀 PdIC1132、PdIC1142、PdIC1152 压降高于 85kPa	混合阀 PdIC1132、PdIC1142、PdIC1152 压降高于 85kPa 的原因： a. 混合阀 PdIC1132 压降输出风压大 b. 原油泵出口压力高	a. 降低混合阀 PdIC1132、PdIC1142、PdIC1152 压降输出风压，使其压降在 55～85kPa 范围内 b. 调整原油泵出口开度，减小原油流速，使其压降在 55～85kPa 范围内

3.1.4　电脱盐罐注水量控制

本装置电脱盐罐注水量控制在 5%（3%～8%）（占原油），注水是为了增加水滴间碰撞机会，有利于水滴聚结和洗涤原油中盐，但注水量不能太多，由于水是导电的，容易形成导电桥，造成事故；注水量过少，则达不到洗涤和增加水聚结力的作用。

电脱盐罐注水量控制 FIC11*1（*代表3、4、5）：

控制范围：3%～8%（占原油）。

控制目标：±1.0%（占原油）。

相关参数：FIC1131、FIC1141、FIC1151 流量。

控制方式：人工手动调节或 DCS 自动调节控制。

具体操作见表 3-4。

表 3-4　电脱盐罐注水量控制

正常调整	异常处理		
	现象	原因	处理方法
调整 FIC11*1 控制阀输出风压	a. 电脱盐罐注水量低于 3%（占原油） b. 电脱盐罐注水量高于 8%（占原油） c. 电脱盐注水中断	电脱盐罐注水量低于 3%（占原油）的原因： a. V1004 来水量小达不到3%（占原油） b. 机泵 P1017A/B 出现故障 c. 系统出现泄漏	a. 开大 V1004 来水阀门，使其注水量达到 3.5%～5.5%（占原油）；联系酸性水汽提提高净化水来水量，使其注水量达到 3.5%～5.5%（占原油） b. 切换 P1017A/B 备用机泵，使其注水量达到 3.5%～5.5%（占原油） c. 联系设备对泄漏部位处进行处理，使其注水量达到 3.5%～5.5%（占原油）
		电脱盐罐注水量高于 5.5%（占原油）的原因： a. 机泵 P1017A/B 出口阀门开度过大 b. 控制阀 FIC1131 失控	a. 调整机泵 P1017A/B 出口门开度，使其注水量达到 3.5%～5.5%（占原油） b. 将控制阀 FIC1131 改手动控制，使其注水量达到 3.5%～5.5%（占原油）

续表

正常调整	异常处理		
	现象	原因	处理方法
调整 FIC11＊1 控制阀输出风压	a. 电脱盐罐注水量低于 3%（占原油） b. 电脱盐罐注水量高于 8%（占原油） c. 电脱盐注水中断	电脱盐注水中断的原因： a. 机泵 P1017A/B 抽空或有故障 b. 装置外净化水中断	a. 如果注水泵抽空,可及时处理上量,如泵有问题,则切换备用泵并联系钳工处理 b. 若装置外净化水供应不足,要及时联系调度,问清原因和停水时间,相应调整操作,可以考虑改用除盐水做脱盐注水,如仍注不上水,应立即关注水一次阀,停注水泵,减少罐底切水,查明原因,再行处理

3.1.5　电脱盐罐水的界位控制

电脱盐罐水的界位控制是非常重要的，界位要经常检查，因为高的水位不但减少原油在弱电场中的停留时间，对脱盐不利，而且水位过高而导致短路跳闸。界位过低，将造成脱水带油。

控制范围：55%～70%。

控制目标：±5%。

相关参数：LICA1131、LICA1141、LICA1151 界位指示，注水量 FIC1131、FIC1141、FIC1151，排水量 FV1131、FV1141、FV1151。

控制方式：人工手动调节或 DCS 自动调节控制。

具体操作见表 3-5。

表 3-5　电脱盐罐水的界位控制

正常调整	异常处理		
	现象	原因	处理方法
a. 调整各级注水控制阀输出流量 b. 调整各级脱水控制阀开度	a. 电脱盐罐水的界位低于 55% b. 电脱盐罐水的界位高于 70% c. 脱水带油	电脱盐罐水的界位低于 55%的原因： a. 电脱盐罐注水量低于 3%（占原油） b. 脱水控制阀 FV1131 开度大 c. 操作人员监盘不到位	a. 提高电脱盐罐注水量到 5%（占原油）,直到 LICA-1131 界位指示在指标范围内 b. 关小控制阀 FV1131 开度,直到界位指示在指标范围内 c. 操作人员及班组长认真监盘
		电脱盐罐水的界位高于 70%的原因： a. 电脱盐罐注水量高于 5%（占原油） b. 脱水控制阀 FV1131 开度小 c. 操作人员监盘不到位	a. 降低电脱盐罐注水量 3%（占原油）,直到 LICA1131 界位指示在指标范围内 b. 开大控制阀 FV1131 开度,直到界位指示在指标范围内 c. 操作人员及班组长认真监盘
		电脱盐罐脱水带油的原因： a. 乳化层太厚 b. 界位控制太低 c. 注入水量不够 d. 原油进罐温度太低 e. 切水量变化太大、太急	a. 调整操作,减薄乳化层 b. 适当提高油水界位 c. 适当增加注水量 d. 汇报班长,提高原油进罐温度 e. 检查和调节、控制界位平稳

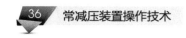

3.1.6　乳化层厚度控制

当原油、水接触一定时间后，在两种液体之间形成一种中间乳化层，而乳化层厚度与原油中含蜡量、含天然乳化剂量、原油中悬浮固体量、注水量及原油的乳化程度有关，乳化层增加到一定厚度，易造成脱水带油，因此电脱盐过程中，应尽量减小乳化层厚度。

控制范围：20％～30％。

控制目标：±5％。

相关参数：注水量、混合强度、电场强度、破乳剂性能。

控制方式：人工手动调节或 DCS 自动调节控制。

具体操作见表 3-6。

表 3-6　浮化层厚度控制

正常调整	异常处理		
	现象	原因	处理方法
a.控制注水量在 3％～8％（占原油） b.控制混合阀混合强度在 55～85kPa c.控制电压为 1.9×10^4 V d.注入量为 30×10^{-6}（占原油）的破乳剂	乳化层厚	a.注水量小于 3％（占原油） b.混合强度超过 35～85kPa 的范围 c.必要时需考虑破乳剂型号及浓度是否合适 d.电场强度不合适	a.适当增加注水量 b.摸索最佳混合压降 c.委托有关单位进行破乳剂筛选工作 d.由装置负责调整电场强度 e.进行反冲洗

3.1.7　破乳剂注入量控制

破乳剂选择合适，注入量相当，可提高脱盐效率；注入量大，则破乳剂消耗多；注入量少，则脱盐效率降低。本装置设计选用破乳剂注入量为 30×10^{-6}（占原油）。

控制范围：注入量为 30×10^{-6}（占原油）。

控制目标：±0.25％。

相关参数：破乳剂性能。

控制方式：人工现场手动控制。

具体操作见表 3-7。

表 3-7　破乳剂注入量控制

正常调整	异常处理		
	现象	原因	处理方法
注入量为 30×10^{-6}（占原油）	脱盐效率低	破乳剂性能不好	通过化验分析,选择合适的破乳剂

3.1.8　变压器输出电压控制

选择合适的电压，可使电场强度适中，可提高脱盐效率；电压过高，场强过大，将产生电分散作用，对脱盐不利，且增加电耗；电压过低，脱盐效果不佳。

控制范围：$1.3 \times 10^4 \sim 2.4 \times 10^4$ V。

控制目标：$\pm 0.1 \times 10^4$ V。

相关参数：供电配电间电压表指示。

控制方式：人工手动控制。

具体操作见表3-8。

表3-8　变压器输出电压控制

正常调整	异常处理		
	现象	原因	处理方法
手动调整变压器输出电压开关挡，将电压控制在 $1.6 \times 10^4 \sim 2.4 \times 10^4$ V	电压、电流大幅度波动，甚至跳闸	a.罐内油水界面太高或乳化层太厚 b.原油含水量过大或实际注水量过大 c.原油性质变化 d.原油进罐温度低、水脱不下来 e.罐内电极变形或短路	a.通过现场界位检查实际界位，如实际界位高则降低；如乳化层厚则优化操作条件，降低乳化层 b.若原油含水量大，则联系调度和罐区加强原油脱水；如实际注水量过大，则减少注水量；如计量水表有误，则需联系仪表校好后再注水 c.及时了解原油性质变化，调整破乳剂注入量、注水量、混合压降等 d.调整原油进罐温度不低于130℃ e.停电，甩电脱盐，电脱盐系统退油处理

3.1.9　电脱盐罐的电流、电压控制

控制范围：电流 $5 \sim 25$A；

电压 $100 \sim 300$V。

控制目标：电流 ± 10A；

电压 ± 50V。

相关参数：油水界位、混合压差、乳化层、原油导电性能。

控制方式：人工手动调节控制。

具体操作见表3-9。

表3-9　电脱盐罐的电流、电压控制

正常调整	异常处理		
	现象	原因	处理方法
调节油水界位、混合压差、乳化层、原油导电性能在指标范围内	a.低电压、高电流 b.电压很低或无电压，电流很大 c.零电压、零电流 d.突然跳闸，送不上电 e.供电中断	低电压、高电流的原因： a.油水界位过高 b.混合阀压降大 c.油水界面乳化层厚 d.原油导电性强	a.检查水位，将水位调到20%适宜位置 b.混合阀全开，使电压回到稳定状态，然后再调节到一个最佳阀开度 c.用界位管检查，如果乳化层厚，则增加破乳剂注量 d.调节电压旋钮，降到较低的电压挡上
		电压很低或无电压，电流很大的原因： a.变压器套管、电极绝缘或变压器损坏 b.油水界位高 c.乳化层厚 d.混合阀压降过大	a.切断电源，联系供电查原因 b.降低界面 c.如果最上面的界位管放出来的是乳化液，则可能降低界位，增加破乳剂注入量 d.将混合阀全开，使变压器回到稳定状态，再重新调节混合阀开度
		零电压、零电流的原因： a.罐内蒸发严重 b.电源不通	a.切断电源，降低原油黏度或增加压力 b.当电源恢复时，检查设备，重新送电

续表

正常调整	异常处理		
	现象	原因	处理方法
调节油水界位、混合压差、乳化层、原油导电性能在指标范围内	a. 低电压、高电流 b. 电压很低或无电压，电流很大 c. 零电压、零电流 d. 突然跳闸，送不上电 e. 供电中断	突然跳闸，送不上电的原因： a. 罐内油水界位太高 b. 安全阀跳后未归位 c. 绝缘棒击穿，罐内绝缘子击穿或电极短路 d. 电气线路或变压器出现故障	a. 跳闸后，首先将注水、注破乳剂系统停掉，用界位管检查水位，将水位降低 b. 联系供电人员消除故障
		供电中断的原因： a. 电源与配电部门及线路发生故障 b. 天气变化致使供电线路受到破坏	a. 联系供电及调度，弄清停电原因和停电时间 b. 按下电源开关，待供电恢复后再启动，切记停电期间应将注水停掉

3.1.10 电脱盐罐脱盐率控制

控制范围：≯3.0mg/L。

控制目标：≯2.5mg/L。

相关参数：电脱盐罐进料温度 TI1131、电脱盐罐压力指示 PIC1131、电场强度、混合强度、破乳剂性能、浓度、注入量、注水量、原油性质。

控制方式：现场调节或自动调节控制。

具体操作见表 3-10。

表 3-10　电脱盐罐脱盐率控制

正常调整	异常处理		
	现象	原因	处理方法
根据上述 9 条电脱盐罐参数进行调节	脱盐率大于 3.0mg/L	根据上述 9 条电脱盐罐参数进行分析	根据上述 9 条电脱盐罐参数进行分析，符合哪条按哪条处理

3.1.11 电脱盐罐及附属管线阀门、法兰泄漏控制

控制范围：电脱盐罐及附属管线阀门、法兰。

控制目标：泄漏率为 0%。

相关参数：电脱盐罐进料温度、压力。

具体操作见表 3-11。

表 3-11　电脱盐罐及附属管线阀门、法兰泄漏控制

正常调整	异常处理		
	现象	原因	处理方法
适当降低电脱盐系统压力	罐及附属管线阀门、法兰渗漏油	检修质量低劣，焊口、法兰、液面计、人孔漏油；操作压力超高，致使压力容器泄漏；电极棒击穿、脱落	漏油或着火不严重时可用灭火器或用蒸汽将火扑灭，用消防蒸汽掩护，维持生产，且及时联系处理。漏油着火严重时，转入事故状态，启动事故应急预案，脱盐之后再进行处理

3.1.12 电脱盐系统巡检内容

① 观察电流、电压指示是否在指标范围内。

② 打开界位检查阀，检查界面实际位置并同计算机指示相对照看是否一致。

③ 检查注水泵注破乳剂泵运行情况及注水量、注破乳剂量、混合阀压降等各参数是否正常。

④ 检查电脱盐原油入口温度、罐出口温度和压力是否与指标一致。

⑤ 检查射频导纳界面计套筒、法兰、低液位开关法兰及变压器等有无渗漏现象。

⑥ 检查电脱盐脱水是否带油。

⑦ 按时遵照电脱盐操作记录要求，详细、准确地做好记录。

3.2 常压系统操作指南

3.2.1 初馏塔部分

要求原油含水量≯1.0%且性质稳定的原油量和塔底液面平稳；换热温度控制在210℃以上，保持平稳；保持塔顶的压力、回流量、回流温度平稳。

3.2.1.1 初馏塔顶温度 TIC1175 控制

控制范围：105~135℃。

控制目标：±10℃。

相关参数：原油含水量及原油性质变化、初馏塔顶压力 PI1171、塔顶回流量 FIC1171 及含水多少、塔顶回流温度 TI1170、塔底进料温度 TI1171。

控制方式：手动调节或 DCS 塔顶回流与塔顶温度自动串级调节。

具体操作见表 3-12。

表 3-12 初馏塔塔顶温度控制

正常调整	异常处理		
	现象	原因	处理方法
a. 手动调节，将塔顶回流 FIC1171 给定到手动状态，调节回流控制阀输出风压 b. 塔顶回流与塔顶温度自动串级调节，将初馏塔顶温度设定到需要值	a. 初馏塔顶温度 TIC1175 低于 105℃ b. 初馏塔顶温度 TIC1175 高于 135℃	初馏塔顶温度 TIC1175 低于 105℃的原因 a. 塔顶回流量过大 b. 进料温度低于 210℃ c. 塔顶回流带水 d. 仪表假指示	a. 塔顶回流量过大,若此时是自动串级控制,应立即改为手动控制。判断塔顶回流量过大的原因:若是控制阀或流量指示问题,将控制阀改副线控制,联系仪表处理;若是操作问题应立即纠正错误 b. 判断进料温度低于 210℃的原因:若是原油换热热源问题,应调整换热热源结构;若是原油来料温度低,应联系原油岗提高原油温度到 45℃以上;若是原油带水,应加强电脱的脱水,联系原油罐区脱水,使原油含水量≯1.0%;若是假指示,应联系仪表处理 c. 判断塔顶回流带水或塔顶回流温度低的原因:若是塔顶回流罐脱水界位控制高,应降低脱水界位在 50%;若是脱水控制阀失控,应将控制阀改手动控制,联系仪表处理;若是假指示,应联系仪表处理 d. 根据初馏塔顶压力 PI1171、塔顶回流量 FIC1171、塔顶回流温度 TI1170、塔底进料温度 TI1171 判断塔顶温度是假指示,若此时是自动串级控制,应立即改为手动控制,并联系仪表处理 TIC1175 热偶

3.2.1.2 初馏塔顶压力 PI1171 控制

控制范围：25～85kPa。

控制目标：±30kPa。

相关参数：塔顶温度 TIC1175、塔顶回流量 FIC1171 及含水多少、塔顶回流温度 TI1170、塔底进料温度 TI1171。

控制方式：手动调节或 DCS 塔顶回流与塔顶温度自动串级控制。

具体操作见表 3-13。

表 3-13 初馏塔塔顶压力控制

正常调整	异常处理		
	现象	原因	处理方法
a. 手动调节,将塔顶回流 FIC1171 给定到手动状态,调节回流控制阀输出风压 b. 塔顶回流与塔顶温度自动串级调节,将初馏塔顶温度设定到需要值	塔顶压力超出控制范围	初馏塔顶压力 PI1171 低于 25kPa 的原因: a. 初馏塔进料温度低于 210℃ b. 原油性质变化,组分较重 c. 冷后温度变化,温度低于 30℃	a. 调整原油换热结构,提高原油换热温度 b. 原油组分较重,联系运行调度解决 c. 提高冷后温度,停空冷器 A1005A～F 风机,冬季必要时可对空冷器进行保温,使冷后温度大于 30℃ d. 调整空冷器 A1005A-F 出口开度,以此提高塔顶压力
		初馏塔顶压力 PI1171 高于 85kPa 的原因: a. 原油含水量大于 1.0%(电脱盐开的情况下) b. 原油含水量大于 1.0%(电脱盐正常的情况下) c. 原油性质变化,轻组分较多 d. 冷后温度变化,温度高于 60℃ e. 初馏塔进料温度高于 240℃	a. 原油含水量大于 1.0%(电脱盐没开的情况下),联系调度要求原油降量,降量幅度可根据生产波动实际情况而定,同时将初侧油 FIC1173 流量降至原流量的 60%,根据生产实际情况加大 V1026 的脱水,防止回流带水和出装置产品带水,关闭 V1026 至低压瓦斯阀门。低压瓦斯脱水操作,原油稳定装置加大脱液。如果上述措施不能解决问题,将转入原油带水事故状态 b. 原油含水量大于 1.0%(电脱盐正常的情况下),可加大电脱盐罐的脱水量,降低混合阀 PdIC1131 的混合强度,降低电脱盐罐的注水量。如果出现电脱盐罐的电流波动超出 5～25A、电压波动超出 100～300V 时将转入原油带水事故状态 c. 原油轻组分较多时,稳定冷后温度,降低回流量,提高塔顶温度 d. 冷后温度高于 60℃时,启动全部空冷 A1005A～F 风机 e. 初馏塔进料温度高于 240℃时,调整原油换热流程,减少与热源换热,必要时可以改走副线

3.2.1.3 原油含水量控制

控制范围：小于 1.0%。

控制目标：小于 1.0%。

相关参数：原油 2 路流量 FIC1191、FIC1192,塔底液面 LICA1171,塔顶压力

PI1171，换热温度 TI1171，V1001A/B/C 界面。

控制方式：由串级调节改为手动控制。

具体操作见表 3-14。

表 3-14 原油含水量控制

正常调整	异常处理		
	现象	原因	处理方法
a. 原油含水量大于 1.0%（电脱盐没开的情况下），联系调度要求原油降量，降量幅度可根据生产波动实际情况而定，同时将初侧油流量 FIC1173 降至原流量的 60%，根据生产实际情况加大 V1026 的脱水，防止回流带水和出装置产品带水，关闭 V1026 至低压瓦斯阀门。低压瓦斯脱水操作，原油稳定装置加大脱液。如果上述措施不能解决问题，将转入原油带水事故状态 b. 原油含水量大于 1.0%（电脱盐正常的情况下），可加大电脱盐罐的脱水量，降低混合阀 PdIC1131 的混合强度，降低电脱盐罐的注水量。如果出现电脱盐罐的电流波动超出 5～25A、电压波动超出 100～300V 的情况将转入原油带水事故状态	原油量波动塔底液面下降，塔顶压力上升，换热温度降低，V1026 界面上升	电脱盐罐跳闸或送电不正常，进装置原油含水量大或电脱盐排水不及时	加强 V1026 脱水防止回流带水，防止安全阀跳；加强电脱盐管理，提高脱水率，减少或停原油注水，消除水源；适当提高塔顶温度；原油带水量大时，应及时降低原油量，及时汇报调度，并联系原油罐区加强原油脱水

3.2.1.4 初馏塔底液面 LICA1171 控制

控制范围：30%～70%。

控制目标：±20%。

相关参数：原油含水量、塔底进料温度 TI1171、原油性质变化、物料平衡、塔顶压力 PI1171、塔顶温度 TIC1175。

控制方式：由 LICA1171 与 2 路原油 FIC1191、FIC1192 串级调节改为手动控制。

具体操作见表 3-15。

表 3-15 初馏塔底液面控制

正常调整	异常处理		
	现象	原因	处理方法
初馏塔底液位与原油2路进料串级控制或由自动改为手动控制	初馏塔底液面 LICA1171 波动范围超出了 30%～70%	原油含水量大于1%；换热温度波动；原油性质变化；物料不平衡；塔顶压力、温度波动	原油含水量大于1%，应联系罐区及时脱水，同时汇报调度，按原油含水量处理；换热温度波动，应根据影响换热温度的不同因素，具体情况具体处理；原油性质变化，应及时联系原油罐罐区掌握原油换罐情况，根据原油变化情况相应作以调节，稳定操作，如对产品质量影响较大，则联系调动改次品罐，及时恢复正常操作；物料不平衡，应根据原油量，相应调节侧线量及拔头油的抽出量，做好物料平衡，如进料或出料仪表问题影响物料平衡应及时联系仪表处理；按照影响压力变化的原因，适当调节回流量，恢复正常操作压力；分析影响塔顶温度原因，具体问题具体处理

3.2.1.5 初馏塔顶汽油干点控制

控制范围：执行上级主管部门下发的质量通知单。

控制目标：按上级主管部门下发的质量通知单进行控制。

相关参数：初馏塔顶温度 TIC1175、塔顶压力 PI1171、进料温度 TI1171、塔顶回流量 FIC1171、原油性质。

控制方式：手动调节塔顶回流量 FIC1171 或 DCS 塔顶回流与塔顶温度自动串级控制。

具体操作见表 3-16。

表 3-16 初馏塔顶汽油干点控制

正常调整	异常处理		
	现象	原因	处理方法
根据质量分析数据，调整塔顶回流量，控制塔顶温度，以此达到控制目标	a.初馏塔顶汽油干点低于质量指标 b.初馏塔顶汽油干点高于质量指标	初馏塔顶汽油干点低于质量指标的原因： a.塔顶温度低 b.塔顶压力高 c.进料温度下降 d.原油性质变轻 e.原油含水或回流带水	a.降低塔顶回流量,提高塔顶温度 b.调整产品外送流量,启动空冷风机,降低冷后温度 c.调整原油换热结构,提高进料温度 d.提高塔顶温度 e.按原油含水处理,加强脱水
		初馏塔顶汽油干点高于质量指标的原因： a.塔顶温度高 b.塔顶压力低 c.进料温度高 d.原油性质变重	a.启动风机或增大空冷风机角度,降低回流温度,提高回流量 b.调节产品外送流量、空冷器出口阀门开度 c.调节换热温度 d.提高回流量,降低塔顶温度

3.2.1.6 初馏塔顶汽油反应、腐蚀控制

控制范围：反应、腐蚀。

控制目标：反应中性、腐蚀合格。

相关参数：初馏塔顶汽油收率、中和缓蚀剂浓度及注入量、进料温度 TI1171。

控制方式：手动调节或 DCS 塔顶回流量与塔顶温度自动串级控制。

具体操作见表 3-17。

表 3-17 初馏塔顶汽油反应、腐蚀控制

正常调整	异常处理		
	现象	原因	处理方法
根据质量分析数据,调整上述中和缓蚀剂浓度及注入量,以此达到控制目标	a.反应中性,腐蚀不合格 b.反应碱性,腐蚀合格	反应中性,腐蚀不合格的原因： a.注缓蚀剂量下降或注缓蚀剂量不稳 b.冷后温度低 c.注水量过少 d.缓蚀剂浓度变小 e.汽油游离酸性物质增多	a.适量提注缓蚀剂量,并调节缓蚀剂泵上量正常 b.提高冷后温度 c.增加塔顶注水量 d.适当调整注缓蚀剂量 e.适当增大注缓蚀剂量
		反应碱性,腐蚀合格的原因： a.注缓蚀剂量过大或缓蚀剂泵上量不正常 b.冷后温度过高 c.塔顶压力波动,汽油量不稳 d.缓蚀剂浓度变大	a.稳定注缓蚀剂量或减少注缓蚀剂量 b.降低冷后温度 c.调整操作使汽油量稳定 d.适当减少注缓蚀剂量

3.2.1.7 塔顶回流带水调节

回流带水是塔操作大敌之一，由于水汽化潜热较大，回流带水时不但吸收大量的热量，而且汽化后体积增加多倍，因此引起操作波动，威胁生产安全，发现不及时或处理不当，就会造成冲塔，当塔顶压力超过安全阀定压值时，促使安全阀起跳。塔顶回流带水调节见表3-18。

表3-18 塔顶回流带水调节

正常调整	异常处理		
	现象	原因	处理方法
加大V1026脱水	温度直线下降；压力直线上升；V1026界面高；回流量波动	a. 原油含水量大 b. V1026水面过高 c. 注水突然增多 d. 冷后温度高，沉降不好 e. 脱水自控失灵	a. 如因原油含水量大于1.0%引起电脱盐罐沉降脱水不好，导致水分带入脱后原油中，促使V1026界面上升，可加强V1026和电脱盐罐脱水，必要时可降低处理量 b. V1026水面过高，可迅速降低水面，如由于脱水管塔而导致V1026水面过高，可用副线脱水，处理脱水管 c. 如注水突然增多，可关小注水 d. 塔顶油气冷后温度高，沉降不好，产生慢性带水，应降冷后温度 e. 脱水自控失灵，应及时联系仪表处理，并用副线脱水，但应加强检查，防止脱水带油

3.2.1.8 初馏部分几个重要控制回路

塔底液面 LICA1171 和脱盐原油二路分支流量 FIC1191、FIC1192 可串级调节，用二路分支流量控制 T1001 底液面；塔顶温度 TIC1175 和塔顶回流量 FIC1171 可串级调节，用塔顶回流量控制塔顶温度。

3.2.2 常压部分

常压塔 T1002 的作用：常压塔是常压主要精馏塔之一，该塔将经常压炉 F1001 加热的原油分割成一定沸点范围的不同馏分，生产汽油、煤油、柴油及二次加工原料油。

常压塔操作要点：

a. 严格执行工艺卡片所规定的操作条件。

b. 按物料平衡关系调节各侧线产品出装置，在保证产品质量的前提下提高轻收（煤柴油收率）和常拔（常压拔出率）。

c. 常压塔底液面、塔顶温度和压力保持平衡，各炉进料量尽量做到少调细调，保证常压炉进料平衡，炉温平稳。

d. 常压塔底吹汽和侧线汽提塔吹汽量随进料量和质量要求及时调节合适。

e. 与减压系统和加热炉系统配合一致，确保进料温度平稳和进料性质稳定。

3.2.2.1 常压塔顶温度 TIC1201 控制

控制范围：95～135℃。

控制目标：(110±5)℃。

相关参数：塔顶回流量 FIC1203、回流温度 TI1203、加热炉出口温度 TICA1193、塔底吹汽量 FIC1204。

控制方式：手动调节或塔顶温度 TIC1201 与塔顶回流量 FIC1203DCS 自动串级

控制。

具体操作见表 3-19。

表 3-19　常压塔顶温度控制

正常调整	异常处理		
	现象	原因	处理方法
a. 回流量和回流温度对塔顶温度的影响：回流量大，塔顶温度下降；回流量小，塔顶温度升高；回流温度高，塔顶温度高；回流温度低，塔顶温度低 b. 常压炉出口温度对塔顶温度的影响：炉温升高，塔顶温度升高；炉温降低，塔顶温度降低 c. 塔底吹汽对塔顶温度的影响：吹汽量增大，塔顶温度升高，反之塔顶温度下降 d. 顶循及一中对塔顶温度的影响：当回流量不变、回流温度降低时，塔顶负荷减小，塔顶温度降低，反之塔顶温度升高；当回流温度不变、回流量增大时，塔顶温度下降，反之塔顶温度上升 e. 回流带水对塔顶温度的影响：回流带水时，塔顶温度下降	常压塔顶温度小于95℃	a. 回流量大，回流温度低，塔顶温度低 b. 炉温低，塔顶温度低 c. 吹汽量小，塔顶温度下降 d. 初馏塔拔出量大 e. 顶循及一中对塔顶温度的影响：在流量不变、回流温度降低时，塔顶负荷减少，温度降低 f. 回流带水对塔顶温度的影响：回流带水时，塔顶温度下降	a. 降低回流量，停空冷器，提高回流温度 b. 提高常压炉温度，使其控制在指标内 c. 调整 FIC1204 控制阀门，提高塔底吹汽量 d. 降低初馏塔拔出量 e. 调整顶循及一中、二中的流量，提高回流温度 f. 控制 V1002 回流罐脱水界位，防止回流带水
	常压塔顶温度大于135℃	a. 回流量小，塔顶温度升高，回流温度高 b. 炉温升高，塔顶温度上升 c. 吹汽量大，塔顶温度升高 d. 顶循及一中对塔顶温度的影响：在流量不变，回流温度上升时，塔顶负荷增加，温度升高。回流温度不变，回流减少，塔顶温度上升	a. 提高回流量，启动空冷，降低回流温度 b. 降低常压炉温度，使其控制在指标内 c. 调整 FIC1204 控制阀门，降低塔底吹汽量 d. 调整顶循及一中的流量，降低回流温度

3.2.2.2　常压塔塔顶压力 PI1201 控制

控制范围：30～80kPa。

控制目标：(50±10)kPa。

相关参数：塔顶回流量 FIC1203、回流温度 TI1203、加热炉出口温度 TICA1193、塔底吹汽量 FIC1203。

控制方式：手动调节或塔顶温度 TIC1201 与塔顶回流 FIC1201 自动串级控制。

具体操作见表 3-20。

表 3-20　常压塔塔顶压力控制

正常调整	异常处理		
	现象	原因	处理方法
a. 回流温度及回流量对塔顶压力的影响：回流温度高时塔顶压力大，回流量大时压力大 b. T1001 拔出量对塔顶压力的影响：T1001 拔出量大，则 T1002 负荷少，塔顶压力降低；反之，则塔顶压力上升	常压塔顶压力低于30kPa	a. 回流温度低，回流量少 b. T1001 拔出量多 c. 塔底吹汽量小，塔内气相负荷小 d. 塔顶负荷小，塔顶压力低 e. 炉温低，塔顶压力低	a. 提高回流温度和回流量 b. 减少 T1001 拔出量 c. 提高塔底吹汽量 d. 降低顶循、一中回流量 e. 提高常压炉温度

续表

正常调整	异常处理		
	现象	原因	处理方法
c. 塔底吹汽对塔顶压力的影响：吹汽是大，则塔内气相负荷增大，塔顶压力上升；反之，则搭顶压力上升 d. 回流带水时塔顶压力上升 e. 顶循、一中回流量对塔顶压力的影响：顶循、一中回流量增大时，塔顶负荷小，塔顶压力低 f. 炉温对塔顶压力的影响：炉温高，则塔顶压力高；反之，则塔顶压力低	常压塔顶压力高于 80kPa	a. 回流温度大于 90℃，回流量大 b. T1001 拔出量少 c. 塔底吹汽量大 d. 回流带水 e. 顶循、一中回流量减小 f. 炉温高	a. 启动空冷器，降低回流温度，提高回流量 b. 增加 T1001 拔出量 c. 降低塔底吹汽量，减小塔内气相负荷 d. 控制 V1002 脱水界位，保证回流不带水 e. 提高顶循、一中回流量 f. 控制炉温在指标内

3.2.2.3　常压塔塔底液面 LICA1201 控制

控制范围：30%～70%。

控制目标：50%±10%。

相关参数：加热炉出口温度 TIC1193，侧线抽出量 FIC1123、FIC1122、FIC1163，塔底吹汽量 FIC1203，塔顶温度 TIC1201 及压力 PI1201。

控制方式：手动调节或 DCS 自动串级调节减压炉八路进料 FIC1131/1～8 控制。

具体操作见表 3-21。

表 3-21　常压塔塔底液面控制

正常调整	异常处理		
	现象	原因	处理方法
a. 调整进料和炉温：进料少、炉温高，将导致液面下降；反之，则塔底液面上升 b. 调整侧线抽出量：侧线抽出量大，则塔底液面降低；反之，则塔底液面高 c. 调整塔底吹汽量：塔底吹汽量大或蒸汽压力高时，塔底液面低；反之塔底液面高 d. 调整塔顶温度及压力：塔顶温度高，压力低，则塔底液面低	常压塔底液面超过 30%～70%	a. 进料量和常压炉炉温波动大 b. 侧线抽出量波动大 c. 塔底吹汽量波动大 d. 塔顶温度及压力波动大 e. 仪表问题	a. 调整常压塔进料量，控制常压炉炉温使其平稳 b. 根据物料平衡，调整侧线抽出量，抽出量大，液面降低，反之高 c. 调整塔底吹汽量使其平稳 d. 调整塔顶温度及压力使其平稳 e. 联系仪表处理

3.2.2.4　提降量过程中的注意事项

a. 提量时先提减压炉 F1002 六路流量，再提常压炉 F1001 四路流量，最后提原油量。

b. 降量时先降原油量，再降常压炉 F1001 四路流量，最后降减压炉 F1002 六路流量。

c. 提原油量应以加工量的 10% 的速度提，按 2～3min 提一次，稳定 2～3min 再提，提量时注意三塔液面平衡。

d. 根据物料平衡换算好各侧线量和回流量，提各侧线量比计算值多一些，降量时相反，因为提量时产品易轻，降量时产品易重。

e. 提降量时要与减压系统和炉子系统配合好。

f. 各部系统温度随处理量上升控制高一些，从实际中每增加 500T/d 大约系统温度提 1℃ 左右。

3.2.2.5 T1002 汽油干点控制

控制范围：≯205℃。

控制目标：≯175℃ 或根据要求。

相关参数：塔顶温度 TIC1201、塔顶压力 PI1201、T1002 吹汽量 FIC1203、顶回流温度 TI1203、加热炉出口温度 TIC1193、循环回流量 FIC1201、侧线抽出量、物料平衡。

控制方式：手动调节或 DCS 自动串级控制。

具体操作见表 3-22。

表 3-22　T1002 汽油干点控制

正常调整	异常处理		
	现象	原因	处理方法
a. 调整回流量以控制塔顶温度 b. 调整塔底吹汽和冷后温度以控制塔顶压力使其平稳 c. 稳定拔出量,按物料平衡计算侧线抽出量 d. 联系仪表确保各指示正确	T1002 汽油干点大于 205℃	a. 塔顶温度高 b. 塔顶压力低 c. T1002 吹汽量大或吹汽压力高 d. 顶回流温度高 e. 进料温度高 f. 循环回流泵抽空或量小 g. 侧线抽出量小	a. 启动塔顶空冷器,降低回流温度,提高回流量,降低塔顶温度 b. 调整塔顶油汽入空冷阀门开度,提高塔顶压力 c. 减小塔吹汽量 d. 将常压炉炉出口温度控制在指标内 e. 降低进料温度 f. 确保循环回流量正常 g. 平衡好物料

3.2.2.6 常一线闪点控制

控制范围：闪点 FP≮55℃。

控制目标：>55℃。

相关参数：T1002 顶温度 TIC1201、常一线量 TIC1121、常一线外送量 FIC1123、T1002 底吹汽量 FIC1204 或吹汽压力、塔顶压力 PI1201、顶循一中取热。

控制方式：手动调节或 DCS 自动串级控制。

具体操作见表 3-23。

表 3-23　常一线闪点控制

正常调整	异常处理		
	现象	原因	处理方法
a. 调整各回流量以控制塔顶温度 b. 调整常一线流量控制阀 c. 调整常压塔底吹汽控制阀 FIC1203 以调节塔底吹汽量	常一线闪点不合格	a. T1002 顶温度低 b. 常一线放量小(或抽出温度太低) c. T1002 底吹汽量小或吹汽压力低 d. 塔顶压力高 e. 顶循(或一中)取热太多	a. 提高 T1002 顶温度 b. 提一线量(或提抽出温度) c. 调节吹汽量或吹汽压力 d. 可降回流量来降低塔顶压力 e. 调整回流取热

3.2.2.7 常二线凝固点

控制范围：凝固点 SP 为＋10～－10℃。

控制目标：根据质量指标而定。

相关参数：常二线抽出量 FIC1122、常二线馏出温度 TIC1212、常一线抽出量 FIC1123 或常一线馏出温度 TIC1211、汽提蒸汽量、T1002 底吹汽量 FIC1203 或压力、常一中回流温度或回流量、炉温。

控制方式：手动调节或 DCS 自动串级控制。

具体操作见表 3-24。

表 3-24 常二线凝固点控制

正常调整	异常处理		
	现象	原因	处理方法
a. 根据物料平衡，调整常二线抽出量。调整中段回流量以控制常二线馏出温度 b. 根据物料平衡，调节常一线抽出量。调整中段回流量以控制常一线馏出温度 c. 根据质量分析结果，调节汽提塔汽提蒸汽量 d. 根据质量分析结果和塔顶压力情况，调节 T1002 底吹汽量或压力 e. 根据全塔热平衡，调节常一中回流温度或回流量 f. 调节燃料流量和压力，控制常压炉炉温在指标内	常二线凝固点高	a. 常二线抽出量大或抽出温度高 b. 常一线抽出量大或一线馏出温度高 c. 汽提塔汽提蒸汽量大 d. T1002 底吹汽量大或压力大 e. 常一中回流温度高或回流量小 f. 炉温偏高	a. 调整常二线抽出量或抽出温度 b. 适当减小常一线抽出量，或降低馏出温度 c. 调整汽提蒸汽量 d. 调节 T1002 吹汽量 e. 适当调整常一中回流温度或回流量（一般以调整常二线量和抽出温度为主） f. 调节炉温使其正常
	常二线凝固点低	a. 常二线外送量小或馏出温度低 b. 常一线收率低或轻 c. 汽提塔汽提蒸汽量小 d. T1002 吹汽量小或压力低 e. 中段回流取热多 f. 炉温偏低	a. 提高常二线量和馏出温度 b. 稳定常一线收率在指标内，质量控制在指标中游 c. 适当开大汽提蒸汽量 d. 适当提高 T1002 吹汽量 e. 适当调整常二线量，如中段回流取热过多，可适当调整中段回流量 f. 将炉温控制在指标内

3.2.2.8 常压系统几个重要控制回路

a. T1002 顶温度（TIC1201）和常一线馏出温度（TIC1211）可用塔顶回流和顶循环来调节。

b. T1002 底液面控制（LICA1201）在使用工频泵时可与减压炉六路分支流量串级调节。

c. F1001 常压炉四路分支温度与四路分支流量采用均衡控制。

3.3 减压系统操作指南

本系统为燃料型减压系统，其主要任务是将常压重油按生产方案切割成柴油组分或蜡油组分，可为二次加工装置提供理想原料，蜡油作为催化裂化装置原料，减压渣油作为催化裂化掺炼原料或焦化原料油。为此必须搞好平稳操作，优化操作，达到所切割侧线馏分质量优、收率高的目的。

3.3.1 常压系统操作变化时对减压系统的影响

① 提原油量，减压负荷增加，真空度下降调节不及时，质量变轻；
② 降原油量，减压负荷减少，真空度上升调节不及时，质量变重；
③ 常压350℃含量大，说明常压拔出率低，减压负荷增加，各侧线质量变轻；
④ 常压350℃含量小，说明常压拔出率高，减压负荷减小，各侧线质量变重；
⑤ 减压炉进料增多，减压负荷增加，真空度下降，调节不及时，质量变轻；
⑥ 减压炉进料减少，减压负荷减小，真空度上升，调节不及时，质量变重。

3.3.2 影响操作的因素

3.3.2.1 减压真空度 PI1241

控制范围：≮98.5kPa。

控制目标：≮98.5kPa。

相关参数：专线蒸汽压力、水汽配比、塔底吹汽量、减压炉出口温度、常压拔出率、减顶温度、顶回流量、循环水量、减底液面、真空泵本身、设备密封垫、冷却器、大气腿管线、减顶瓦斯管线、V1003液面。

控制方式：手动调节或DCS自动串级控制。

具体操作见表3-25。

表 3-25 减压真空度控制

正常调整	异常处理		
	现象	原因	处理方法
a.调整1.0MPa专线蒸汽压力流量在指标内 b.调整真空泵蒸汽流量,使水、汽配比恰当,抽空器不出现串汽和倒汽 c.控制减压炉出口温度在指标内,防止油品裂解,使真空度下降 d.保证常压拔出率,防止减压进料轻,导致真空度下降 e.控制塔顶温度,防止温度过高,真空度下降,顶回流量过大,使温度过低,也使塔内残压上升,对操作不利 f.联系循环水场,保证循环水流量或温度正常 g.防止减底液面过高、停留时间长、操作不当而影响真空度 h.定期检查真空泵,防止本身故障 i.定期检查设备,防止密封垫损坏,泄漏严重 j.定期检查检修,防止冷却器堵或腐蚀严重内漏 k.防止大气腿管线、减顶瓦斯管线堵或冻 l.控制V1003液面	减压真空度下降	a.专线蒸汽压力低或量小 b.水、汽配比不当,抽空器出现串汽和倒汽 c.减压炉出口温度高,油品裂解较多,使真空度下降 d.常压拔出率太低,减压进料轻,导致真空度下降 e.塔顶温度过高,真空度下降,顶回流量过大,使温度过低,也使塔内残压上升,对操作不利 f.循环水中断或温度太高 g.减底液面过高、停留时间长、操作不当而影响真空度 h.真空泵本身故障 i.设备密封垫损坏,泄漏严重 j.冷却器或腐蚀严重内漏 k.大气腿管线、减顶瓦斯管线堵或冻 l.V1003液面超高,背压大	a.联系调度保障专线蒸汽压力 b.调整水汽配比,使抽真空系统正常工作 c.按工艺卡片调整炉温 d.提高并稳定常压拔出率 e.按工艺卡片控制好减顶温度,如全塔余热过剩,可加大一中、二中取热,减少塔顶回流量 f.确定停水原因,稳定好操作,及时联系调度及循环水场,启用备用水泵 g.参照减渣出装置流量,适当调整系统压力控制阀,并注意控制好液面,防止液面下来后塔底泵抽空 h.如是真空泵故障,需降量循环处理 i.发现设备密封点有泄漏处,设法堵漏,如严重需停工抢修 j.如冷却器堵或漏严重时,需降量循环处理 k.利用常规方法判断并处理 l.V1003油外送,可开两台泵同时外送,若仍送不出去,可降常压侧线量

3.3.2.2 减压塔顶温度 TIC1248/1

控制范围：≯110℃。

控制目标：(50±20)℃。

相关参数：塔进料温度 TI1247，减一中、二中、三中段回流量 FIC1241、FIC1243、FIC1244，进料轻重，塔顶真空度 PI1241/1，吹汽量 FRC1247，各回流返塔温度 TI1243/1、TI1244/1、TI1245/1。

控制方式：手动调节或 DCS 自动串级控制。

具体操作见表 3-26。

表 3-26 减压塔顶温度控制

正常调整	异常处理		
	现象	原因	处理方法
a. 控制塔进料温度 b. 调整各部回流量 c. 控制常压拔出率 d. 控制塔顶真空度在指标内，保持平稳 e. 调整吹汽量 f. 根据塔内热平衡，调整减一中、二中、三中回流量 g. 控制回流返塔温度	减压塔顶温度高	a. 塔进料温度高,塔顶温度高 b. 各部回流量小或回流泵抽空 c. 进料变轻或侧线抽出量变化 d. 塔顶真空度变化,真空度变高时,油气化量增大,塔顶温度上升 e. 吹汽量大,真空度下降,塔顶温度上升 f. 减一中、二中、三中回流量小,减顶回流量增大,塔顶负荷增加,顶温度升高 g. 回流返塔温度高	a. 司炉加强控制,将炉温控制在指标内 b. 调整回流,如回流泵故障则查找原因及时处理 c. 提高并控制好常压拔出率,调整并稳定抽出量 d. 适当调整回流量,将塔顶温度控制在指标内 e. 适当调整塔底吹汽量 f. 适当调整回流取热的分配 g. 调整好回流介质的换热

3.3.2.3 减底液面 LICA1245

控制范围：30%～70%。

控制目标：50%±5%。

相关参数：减压塔物料平衡、进料温度 TI1247、拔出率、机泵、仪表、后路、真空度 PI1241。

控制方式：手动调节或 DCS 自动串级控制。

具体操作见表 3-27。

表 3-27 减底液面控制

正常调整	异常处理		
	现象	原因	处理方法
a. 根据物料平衡,调节进料量和出料量 b. 调节进料温度 c. 控制拔出率 d. 维护好渣油泵,防止机泵故障 e. 认真校对各仪表指示,防止仪表失灵或控制阀闸失灵 f. 联系后路,防止阻力大憋压 g. 调整真空泵,保证真空度	减底液面高	a. 减压塔物料不平衡,进料量大,出料量小 b. 进料温度低 c. 拔出率低 d. 机泵故障 e. 仪表失灵或控制阀失灵 f. 后路阻力大憋压 g. 真空度低,吹汽量小	a. 分析物料不平衡的原因,如进料量大,应尽可能提高常拔,减小进料量;如侧线放量小,应在保证质量的前提下,提高并稳定侧线量 b. 与司炉联系,加强炉温控制 c. 分析拔出率低的原因,如吹汽量小,则提吹汽量;如真空度低,则查明原因并提高真空度 d. 如机泵故障,则切换备用泵,并联系钳工及时抢修 e. 及时联系仪表工处理 f. 及时同焦化、催化及罐区等后路取得联系,协调解决

处理注意事项：

a.LICA1245 指示满液位后，注意其系统压力控制阀手动阀不要开太大，防止燃料油压力波动而影响操作；

b.冷热渣油的调节要适中，密切注意渣油系统压力，防止系统憋压而憋漏设备；

c.撤液面时，注意其速度，防止过快导致泵抽空而影响操作。

3.4　加热炉系统操作指南

3.4.1　常压炉出口温度 TIC1193 控制

进料温度的变化会使塔内汽液相负荷变化，直接影响着油品的汽化率，决定着油品的质量和收率。进料温度过高时，油品裂解产生大量不凝气，塔内高温部位还会结焦；温度过低时，油品的汽化率下降，影响产品收率。

控制目标：359～361℃。

控制范围：330～370℃。

相关参数：进料量、天然气压力、高压瓦斯压力。

控制方式：

方式 1：正常操作时，常压炉出口温度 TIC1193 与天然气压力控制阀 PIC123A 进行串级控制，当 TIC120 低于设定时，PIC123A 开大；当 TIC120 高于设定时，PIC123A 关小，从而实现对常压炉出口温度的控制。

方式 2：正常操作时，常压炉出口温度 TIC120 与高压瓦斯压力控制阀 PIC123 进行串级控制，当 TIC120 低于设定时，PIC123 开大；当 TIC120 高于设定时，PIC123 关小，从而实现对常压炉出口温度的控制。

正常调节见表 3-28。

表 3-28　正常调节

现象	影响因素	调节方法
炉出口温度高	燃料气压力高	降低燃料气压力
炉出口温度低	燃料气压力低	提高燃料气压力

异常调节见表 3-29。

表 3-29　异常调节

现象	影响因素	调节方法
常压炉出口温度高，超过控制范围	进料量小	降低燃料气压力或熄灭若干火嘴,增大进料量
	进料温度高	降低燃料气压力,关小各火嘴高瓦阀门
	进料重	降低燃料气压力,关小各火嘴高瓦阀门
	燃料气压力高	降低燃料气压力,关小各火嘴高瓦阀门
	燃料气热值高	降低燃料气压力,关小各火嘴高瓦阀门
	烟道挡板、风门调节不当	根据炉膛燃烧情况,适当调节挡板与风门
	仪表失灵	联系仪表人员处理

现象	影响因素	调节方法
常压炉出口温度低，超过控制范围	进料量大	提高燃料气压力或点燃若干火嘴,减少进料量
	进料温度低	提高燃料气压力,开大各火嘴高瓦阀门
	进料轻	提高燃料气压力,开大各火嘴高瓦阀门
	燃料气压力低	提高燃料气压力,开大各火嘴高瓦阀门
	燃料气热值低	提高燃料气压力,开大各火嘴高瓦阀门
	烟道挡板、通风门调节不当	根据炉膛燃烧情况,适当调节挡板与风门
	火嘴缩火、堵,造成燃烧不正常	及时处理缩火火嘴,切换备用火嘴
	仪表失灵	联系仪表人员处理

若异常调节失效,则调整燃烧火嘴数量,稳定加热炉出口温度。

3.4.2 减压炉出口温度 TIC1232 控制

进料温度的变化会使塔内气、液相负荷变化,同时进料温度对真空度影响明显。进料温度过高时,油品裂解产生大量不凝气,塔内高温部位还会结焦,侧线产品残炭上升;温度过低时,油品的汽化率下降,影响产品收率。

控制目标:385~387℃。

控制范围:365~400℃。

相关参数:进料量、天然气压力、高压瓦斯压力。

控制方式:

方式1:正常操作时,减压炉出口温度 TIC1034 与天然气压力控制阀 PIC1011A 进行串级控制,当 TIC1034 低于设定时,PIC1011A 开大;当 TIC1034 高于设定时,PIC1011A 关小,从而实现对减压炉出口温度的控制。

方式2:正常操作时,减压炉出口温度 TIC1034 与高压瓦斯压力控制阀 PIC1011 进行串级控制,当 TIC1034 低于设定时,PIC1011 开大;当 TIC1034 高于设定时,PIC1011 关小,从而实现对减压炉出口温度的控制。

正常调节见表 3-30。

表 3-30　正常调节

现象	影响因素	调节方法
炉出口温度高	燃料气压力高	降低燃料气压力
炉出口温度低	燃料气压力低	提高燃料气压力

异常调节见表 3-31。

表 3-31　异常调节

现象	影响因素	调节方法
减压炉出口温度高，超过控制范围	进料量小	降低燃料气压力或熄灭若干火嘴,增大进料量
	进料温度高	降低燃料气压力,关小各火嘴高瓦阀门
	进料重	降低燃料气压力,关小各火嘴高瓦阀门
	燃料气压力高	降低燃料气压力,关小各火嘴高瓦阀门

续表

现象	影响因素	调节方法
减压炉出口温度高，超过控制范围	燃料气热值高	降低燃料气压力，关小各火嘴高瓦阀门
	烟道挡板、风门调节不当	根据炉膛燃烧情况，适当调节挡板与风门
	仪表失灵	联系仪表人员处理
减压炉出口温度低，超过控制范围	进料量大	提高燃料气压力或点燃若干火嘴，减少进料量
	进料温度低	提高燃料气压力，开大各火嘴高瓦阀门
	进料轻	提高燃料气压力，开大各火嘴高瓦阀门
	燃料气压力低	提高燃料气压力，开大各火嘴高瓦阀门
	燃料气热值低	提高燃料气压力，开大各火嘴高瓦阀门
	烟道挡板、通风门调节不当	根据炉膛燃烧情况，适当调节挡板与风门
	火嘴缩火、堵，造成燃烧不正常	及时处理缩火火嘴，切换备用火嘴
	仪表失灵	联系仪表人员处理

若异常调节失效，则调整燃烧火嘴数量，稳定加热炉出口温度。

3.4.3　炉膛温度控制

为了保持炉出口温度平稳，应该随时掌握入炉原料油的温度、流量和压力的变化情况，密切注意炉子各点温度的变化，及时调节。其中以辐射管入口温度和炉膛温度尤为重要，这两个温度的波动预示着炉出口温度的变化。

控制目标：≤750℃。

控制范围：≤800℃。

相关参数：进料量、天然气压力、高压瓦斯压力。

控制方式：正常操作时，对常压炉炉膛温度的控制通过调节炉出口温度或手动调节各火嘴燃烧状态来实现。

正常调节见表3-32。

表3-32　正常调节

现象	影响因素	调节方法
炉膛温度高	燃料气压力高	降低燃料气压力
炉膛温度低	燃料气压力低	提高燃料气压力

异常调节见表3-33。

表3-33　异常调节

现象	影响因素	调节方法
炉膛温度高，超过控制范围	进料量大、温度低	降低燃料气压力与进料量
	进料轻、汽化量大	降低燃料气压力与进料量
	火焰长、高	关小火嘴的一次风门，降低火焰高度
	挡板开度小、负压高	开大挡板，使炉负压合格
	对流室积灰、传热不好	加强对流室吹灰

续表

现象	影响因素	调节方法
炉膛温度高,超过控制范围	辐射室炉管内部结焦	保持分支流量平衡,防止炉管结焦
	风机故障	切换备用风机
	仪表失灵	联系仪表人员处理

若异常调节失效,则调整燃烧火嘴数量,稳定加热炉出口温度。

3.4.4 过热蒸汽温度 TI1207 控制

在生产中,常压塔塔底和减压塔塔底都吹入一定量过热蒸汽,目的是降低分馏塔内油汽分压,提高油品汽化率。同时为了防止蒸汽冷凝水进入塔内,吹入的蒸汽需要经过加热炉加热成为过热蒸汽。因此需要将塔底吹汽温度控制在一定范围之内。

控制目标：350～420℃。

控制范围：250～450℃。

相关参数：蒸汽量、天然气压力、高压瓦斯压力。

控制方式：正常操作时,对过热蒸汽温度 TI1207 的控制通过调节过热蒸汽量和烟道挡板来实现。

正常调节见表 3-34。

表 3-34 正常调节

现象	影响因素	调节方法
过热蒸汽温度高	炉膛温度高	降低燃料气压力
过热蒸汽温度低	炉膛温度低	提高燃料气压力

异常调节见表 3-35。

表 3-35 异常调节

现象	影响因素	调节方法
过热蒸汽温度高,超过控制范围	过热蒸汽量少、压力低	调节过热蒸汽量和烟道挡板
	炉膛与炉出口温度高	适当降低炉膛或炉出口温度
	火焰高、炉膛负压大	调节火焰和炉膛负压
	仪表失灵	联系仪表人员处理
过热蒸汽温度低,超过控制范围	过热蒸汽量大	调节过热蒸汽量和烟道挡板
	炉膛与炉出口温度低	适当提高炉膛或炉出口温度
	火焰低、炉膛负压小	调节火焰和炉膛负压
	仪表失灵	联系仪表人员处理

若异常调节失效造成蒸汽带水,则打开过热蒸汽放空阀,停塔底吹汽,并在排凝处排水。

3.4.5 分支温差控制

加热炉各路分支温度相差较大时,容易造成加热炉炉管结焦,同时会产生总能级损失,降低加热炉的热效率。因此将加热炉分支温差控制在指标范围之内,有利于降低燃料消耗提高加热炉的热效率。

控制目标：≤3℃。

控制范围：≤3℃。

相关参数：天然气压力、高压瓦斯压力、入炉风压力、分支进料量。

控制方式：通过调节各路分支火嘴数量、燃烧强度及各分支流量进行控制。

正常调节见表3-36。

表3-36 正常调节

现象	影响因素	调节方法
氧含量高	鼓风机开度大	降低鼓风机转速
氧含量低	鼓风机开度小	提高鼓风机转速

异常调节见表3-37。

表3-37 异常调节

现象	影响因素	调节方法
烟气中含氧量高，超过控制范围	炉膛负压大	关小烟道挡板或降低引风机转速
	火嘴一、二次风门开度大	关小风门，降低鼓风机转速
	炉体泄漏量大	加强炉体堵漏
	仪表失灵	联系仪表人员处理
	风机故障	切换备用风机
烟气中含氧量低，超过控制范围	炉膛负压小	开大烟道挡板或提高引风机转速
	火嘴一、二次风门开度小	开大风门，提高鼓风机转速
	仪表失灵	联系仪表人员处理
	风机故障	切换备用风机

若异常调节失效，则调节燃烧火嘴在加热炉中的分布状态。

3.4.6 常压炉烟气含氧量控制

烟气含氧量决定了过剩空气系数，而过剩空气系数是影响炉热效率的一个重要因素。烟气含氧量太小，表明空气量不足，燃料不能充分燃烧，排烟中含有 CO 等可燃物，使加热炉的热效率降低。烟气氧含量太大，表明入炉空气量过多，降低了炉膛温度，影响传热效果，并增加了排烟热损失。因此将烟气中含氧量控制在指标范围之内，有利于降低燃料消耗，提高加热炉的热效率。

控制目标：1%～2%。

控制范围：1%～3%。

相关参数：鼓风机开度、引风机开度。

控制方式：

方式1：通过鼓风机变频与 CO 含量串级，控制加热炉炉膛含氧量，当炉膛烟气含氧量低时，CO 含量高于设定值，鼓风机变频控制阀 AIC9001 开大；当炉膛烟气含氧量高时，CO 含量低于设定值，鼓风机变频控制阀 AIC9001 关小，实现烟气中含氧量自动控制。

方式2：通过鼓风机变频与氧含量 AIC101PRD 控制加热炉炉膛含氧量，当炉膛烟气含氧量低于设定值时，鼓风机变频控制开大；当炉膛烟气含氧量高于设定值时，鼓风机变频控制关小，实现烟气中含氧量自动控制。

正常调节见表 3-38。

表 3-38 正常调节

现象	影响因素	调节方法
氧含量高	鼓风机开度大	降低鼓风机转速，提高引风机转速
氧含量低	鼓风机开度小	提高鼓风机转速，降低引风机转速

异常调节见表 3-39。

表 3-39 异常调节

现象	影响因素	调节方法
烟气中含氧量高，超过控制范围	负压大，含氧量高	关小烟道挡板或引风机入口阀，开大鼓风机入口阀
	火嘴、风门开得大，含氧量高	关小风门、鼓风机入口阀、挡板
	炉体泄漏量大，含氧量高	加强炉体堵漏
	仪表失灵	联系仪表人员处理
	风机故障	切换风机
	CO 在线分析仪故障	联系仪表人员校对设备，关小鼓风机变频控制阀
烟气中含氧量低，超过控制范围	负压小，含氧量低	开大烟道挡板或引风机入口阀，关小鼓风机入口阀
	火嘴、风门开得小，含氧量低	开大风门、鼓风机入口阀、挡板
	仪表失灵	联系仪表人员处理
	CO 在线分析仪故障	联系仪表人员校对设备，开大鼓风机变频控制阀

若异常调节失效，则调节加热炉火嘴风门进风量，调节炉火燃烧状态。

3.4.7 减压炉烟气含氧量控制

烟气含氧量决定了过剩空气系数，而过剩空气系数是影响炉热效率的一个重要因素。烟气含氧量太小，表明空气量不足，燃料不能充分燃烧，排烟中含有 CO 等可燃物，使加热炉的热效率降低；烟气氧含量太大，表明入炉空气量过多，降低了炉膛温度，影响传热效果，并增加了排烟热损失。

控制目标：1%～2%。

控制范围：1%～3%。

相关参数：鼓风机开度、引风机开度。

控制方式：

方式1：通过鼓风机变频与氧含量 AIC2001 串级，控制加热炉炉膛含氧量，当炉膛烟气含氧量高于设定值时，鼓风机变频关小；当炉膛烟气含氧量低于设定值时，鼓风机变频开大。

方式2：通过鼓风机变频与氧含量 AIC2002 串级，控制加热炉炉膛含氧量，当炉膛烟气含氧量高于设定值时，鼓风机变频关小；当炉膛烟气含氧量低于设定值时，鼓风机变频开大。

正常调节见表3-40。

表 3-40　正常调节

现象	影响因素	调节方法
氧含量高	鼓风机开度大	降低鼓风机转速
氧含量低	鼓风机开度小	提高鼓风机转速

异常调节见表3-41。

表 3-41　异常调节

现象	影响因素	调节方法
烟气中含氧量高，超过控制范围	炉膛负压大	关小烟道挡板或降低引风机转速
	火嘴一、二次风门开度大	关小风门，降低鼓风机转速
	炉体泄漏量大	加强炉体堵漏
	仪表失灵	联系仪表人员处理
	风机故障	切换备用风机
烟气中含氧量低，超过控制范围	炉膛负压小	开大烟道挡板或提高引风机转速
	火嘴一、二次风门开度小	开大风门，提高鼓风机转速
	仪表失灵	联系仪表人员处理
	风机故障	切换备用风机

若异常调节失效，则调节加热炉火嘴风门进风量，调节炉火燃烧状态。

3.4.8　火焰控制

燃料在炉膛内正常燃烧的现象是：燃烧完全，炉膛明亮；燃烧燃料气时，火焰呈蓝白色；烟囱排烟呈无色或淡蓝色。

控制目标：火焰高度整齐、明亮、无黑烟。

控制范围：火焰高度整齐、明亮、无黑烟。

相关参数：燃料气压力、风门开度。

控制方式：通过调节风门开度、燃料气量，使火焰燃烧正常。

正常调节见表3-42。

表 3-42　正常调节

现象	影响因素	调节方法
火焰高	燃料气压力高	提高燃料气压力
火焰低	燃料气压力低	降低燃料气压力

异常调节见表3-43。

表 3-43 异常调节

现象	影响因素	处理方法
火焰长	火嘴一次风门开度大	关小火嘴一次风门
火焰短	火嘴一次风门开度小	开大火嘴一次风门
火焰发飘、发红	火嘴二次风门开度小	开大火嘴二次风门
脱火，火焰发白	火嘴风门开度大	按比例关小火嘴一、二次风门
炉膛不亮	供风不足	调节挡板、风门，提高鼓风机转速
火焰带火星	燃料气带水	加强燃料气脱水
火焰喘息	燃料气压力不稳	查明原因，控制燃料气压力使其平稳
火焰发散、缩小	火嘴缺陷或局部堵塞	更新火嘴，清理堵塞火嘴

若异常调节失效，则熄灭失效火嘴，点燃其他火嘴。

3.4.9 排烟温度控制

加热炉的排烟温度是影响加热炉热效率的重要因素，排烟温度过高，会导致加热炉热效率降低，增加装置能耗；排烟温度过低，会导致露点腐蚀，对设备造成损坏，影响装置的长周期运行。因此将排烟温度控制在指标范围之内，有利于降低燃料消耗，提高加热炉的热效率和延长加热炉的运行周期。

控制目标：115～140℃。

控制范围：110～180℃。

相关参数：引风机、空气预热器冷风旁路。

控制方式：

方式1：通过调节引风机变频来调节炉膛负压，实现对加热炉排烟温度的控制。当排烟温度低时，开大引风机变频，提高炉膛负压来提高排烟温度；当排烟温度高时，关小引风机变频，降低炉膛负压来降低排烟温度。

方式2：或者通过调节空气预热器冷风旁路，使部分助燃空气绕过空预器直接进入热风道来调节排烟温度。当排烟温度高时，关小冷风旁路阀门来降低排烟温度；当排烟温度低时，开大冷风旁路阀门来提高排烟温度。

正常调节见表 3-44。

表 3-44 正常调节

现象	影响因素	调节方法
排烟温度高	炉膛负压高	降低引风机转速
	冷风旁路阀门开度大	关小冷风旁路阀门
排烟温度低	炉膛负压低	提高引风机转速
	冷风旁路阀门开度小	开大冷风旁路阀门

异常调节见表 3-45。

表 3-45 异常调节

现象	影响因素	处理方法
排烟温度高,超过控制范围	鼓风机偷停	启动备用风机,恢复联锁,联系电工检修风机
	炉出温度过高	降低炉出温度,降低炉膛温度
排烟温度低,超过控制范围	炉膛含氧量过高,供风量过大	降低鼓风机转速,降低炉膛含氧量
	炉出温度过低	提高炉出温度,提高炉膛温度

若异常调节失效,则切除空气预热器,烟气改走直通。

3.4.10 常压炉炉膛负压控制

炉膛负压是保证加热炉高效运行的一个重要指标。炉膛负压过大时,炉体漏风量增大,引风机能耗增加,燃料不完全燃烧损失加大,排烟温度升高,降低加热炉的热效率,甚至造成加热炉灭火;炉膛负压过低时容易回火伤人,造成安全事故。因此控制炉膛负压在一个合理的指标范围之内是保证加热炉安全高效运行的重要措施。

控制目标:-120~0Pa。

控制范围:-150~0Pa。

相关参数:鼓风机开度、引风机开度、炉顶烟道挡板开度、火嘴风门开度。

控制方式:通过引风机变频与炉膛负压 PIC190 串级控制加热炉炉膛负压,当炉膛负压低于设定值时,引风机变频控制开大;当炉膛负压高于设定值时,引风机变频控制关小,实现炉膛负压自动控制。

正常调节见表 3-46。

表 3-46 正常调节

现象	影响因素	调节方法
炉膛负压高	鼓风机开度小	提高鼓风机转速
	引风机开度大	降低引风机转速
	炉顶烟道挡板开度大	关小炉顶烟道挡板开度
炉膛负压低	鼓风机开度大	降低鼓风机转速
	引风机开度小	提高引风机转速
	炉顶烟道挡板开度小	开大炉顶烟道挡板开度

异常调节见表 3-47。

表 3-47 异常调节

现象	影响因素	调节方法
炉膛负压过高,超过控制范围	鼓风机偷停	联锁启动,启动备用风机,恢复联锁,联系电工检修风机
	引风机以最大转速运转	停运引风机,打开直通,联系电工检修风机
炉膛负压过低,超过控制范围	引风机偷停	打开直通,联系电工检修风机
	鼓风机转速最大	切换风机,联系电工检修风机
	炉顶烟道挡板关死	联系仪表人员处理

若异常调节失效,则打开加热炉直通阀门,停引风机。

3.4.11 减压炉炉膛负压控制

炉膛负压是保证加热炉高效运行的一个重要指标。炉膛负压过大时,炉体漏风量增大,引风机能耗增加,燃料不完全燃烧损失加大,排烟温度升高,降低加热炉的热效率,甚至造成加热炉灭火;炉膛负压过低时容易回火伤人,造成安全事故。因此控制炉膛负压在一个合理的指标范围之内是保证加热炉安全高效运行的重要措施。

控制目标:$-120\sim0$Pa。

控制范围:$-150\sim0$Pa。

相关参数:鼓风机开度、引风机开度、炉顶烟道挡板开度、火嘴风门开度。

控制方式:通过引风机变频与炉膛负压PIC2011串级控制加热炉炉膛负压,当炉膛负压低于设定值时,引风机变频控制开大;当炉膛负压高于设定值时,引风机变频控制关小,实现炉膛负压自动控制。

正常调节见表3-48。

表 3-48 正常调节

现象	影响因素	调节方法
炉膛负压高	鼓风机开度小	提高鼓风机转速
	引风机开度大	降低引风机转速
	炉顶烟道挡板开度大	关小炉顶烟道挡板开度
炉膛负压低	鼓风机开度大	降低鼓风机转速
	引风机开度小	提高引风机转速
	炉顶烟道挡板开度小	开大炉顶烟道挡板开度

异常调节见表3-49。

表 3-49 异常调节

现象	影响因素	处理方法
炉膛负压过高,超过控制范围	鼓风机偷停	联锁启动,启动备用风机,恢复联锁,联系电工检修风机
	引风机以最大转速运转	停运引风机,打开直通,联系电工检修风机
炉膛负压过低,超过控制范围	引风机偷停	打开直通,联系电工检修风机
	鼓风机转速最大	切换风机,联系电工检修风机
	炉顶烟道挡板关死	联系仪表人员处理

若异常调节失效,则打开加热炉直通阀门,停引风机。

3.5 机泵岗位操作指南

3.5.1 泵抽空

泵抽空处理方法见表3-50。

表 3-50　泵抽空处理方法

现象	影响因素	处理方法
①机泵出口压力表读数大幅度变化,电流表读数波动 ②泵体及管线有异声、振动 ③泵出口流量减小	泵内有气体或吸入管线漏气	处理漏点,排净机泵内的气体
	入口管线堵塞或阀门开度小	开大入口阀或疏通管线
	入口压头不够	提高入口压头
	介质温度高,含水汽化	适当降低介质的温度,排净存水
	介质温度低,黏度过大	适当降低介质的黏度
	叶轮堵塞	联系钳工人员检修

若异常调节失效,则切换至备用泵,停运转泵,联系钳工人员处理。

3.5.2　轴承温度高

轴承温度高处理方法见表 3-51。

表 3-51　轴承温度高处理方法

现象	影响因素	处理方法
轴承箱温度过高	冷却水不足、中断或冷却水温度过高	加大冷却水或联系调度降低循环水的温度
	润滑油不足或过多	加注润滑油或调整润滑油液位至 $1/2 \sim 2/3$
	轴承故障	联系钳工维修
	润滑油油质不合格	停泵更换润滑油

若异常调节失效,则切换至备用泵,停运转泵,联系钳工人员处理。

3.5.3　振动超标

振动超标处理方法见表 3-52。

表 3-52　振动超标处理方法

现象	影响因素	处理方法
振动增大	泵发生汽蚀	调整工艺条件
	转子不平衡	转子重新找平衡
	轴承故障	联系钳工维修
	泵与电动机不对中	泵与电动机重新找正
	叶轮防松螺母松动	联系钳工维修
	泵内有杂物	联系检修,清除杂物
	机泵地脚螺栓松动	紧固地脚螺栓

3.5.4　抱轴

抱轴处理方法见表 3-53。

表 3-53　抱轴处理方法

现象	影响因素	处理方法
①轴承箱温度高或冒烟 ②机泵噪声异常,振动剧烈	油箱缺油或无油	切换至备用泵,停运转泵,联系钳工人员处理
	润滑油质量不合格	
	轴承质量差	

3.5.5　密封泄漏

密封泄漏处理方法见表 3-54。

表 3-54　密封泄漏处理方法

现象	影响因素	处理方法
密封处介质泄漏	密封损坏	切换至备用泵,停运转泵,联系钳工处理
	泵长时间抽空	
	检修质量差	
	密封质量差	

3.5.6　盘不动车

盘不动车处理方法见表 3-55。

表 3-55　盘不动车处理方法

现象	影响因素	处理方法
盘不动车	重质油品(如渣油)凝固	吹扫预热
	长期不盘车而卡死	加强备用泵盘车
	泵的部件损坏或卡住	联系钳工人员处理
	轴弯曲严重	
	填料泵填料压得过紧	
	配合间隙过小	

3.5.7　电流超额定值

电流超额定值处理方法见表 3-56。

表 3-56　电流超额定值处理方法

现象	影响因素	处理方法
电流超额定值	电动机负荷过大	降低负荷
	介质密度或黏度增大	调整工艺条件

3.5.8　自动掉闸

自动掉闸处理方法见表 3-57。

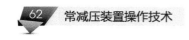

表 3-57　自动掉闸处理方法

现象	影响因素	处理方法
泵停转	电气设备故障	启动备用泵,切除运转泵,联系检修
	电动机超负荷造成电流大	

3.5.9　泵效率下降

泵效率下降处理方法见表 3-58。

表 3-58　泵效率下降处理方法

现象	影响因素	处理方法
出口压力下降,流量不足	泵叶轮流道磨损、腐蚀	启动备用泵,切除运转泵,联系检修
	叶轮口环间隙过大	

3.5.10　说明

① 250℃以上为高温机泵,250℃以下为常温机泵。

② 在减压系统未开工时,无机泵密封用封油。在此情况下,开泵时关闭封油入机泵密封的前后阀门。

③ 所有机泵备用时,均应保证轴承箱内有相应标号的合格润滑油,且油面处于油标的 1/2～2/3 处。

④ 配有封油的机泵,开泵前排封油,备用中随时检查封油,确保封油不冷凝,避免冷凝的封油突然大量注入密封腔,引起泵抽空。

⑤ 预热减压塔底泵时不能打开入口阀和排凝阀排油预热泵体,否则会引起运转泵抽空。只能在排封油确认无水、汽后,才能关闭封油阀。慢慢打开入口阀排净封油,关闭排凝阀,再微开出口阀预热。之后再开封油阀,完成备用。

3.6　工艺防腐操作指南

3.6.1　工艺防腐操作原则

① 严格遵守操作规程和巡回检查制度,定时、定点进行详细检查,发现问题及时联系处理,并汇报班长和车间。

② 按照巡检方案对装置三塔顶排水的 pH 值进行检查,发现 pH 值超标时,应立即查明原因并及时处理,同时汇报给班长和车间。

③ 定期对三塔顶排水进行采样并送去研究院进行分析。

④ 定期对三塔顶排水的 pH 值,铁离子、氯离子、硫离子的含量进行记录。

⑤ 对三塔顶注水、注缓蚀剂、注中和剂及常顶空冷注水量进行调节。

⑥ 检查了解全装置的腐蚀情况,确保设备正常运行。

⑦ 严格控制三塔顶排水的 pH 值在 6～9,防止因为 pH 值过低或过高,造成初馏塔、常压塔、减压塔塔顶系统腐蚀。

⑧ 通过调节三塔顶的缓蚀剂注入量、中和剂注入量、水注入量控制塔顶排水的铁离子含量≤3mg/L。

⑨ 控制常顶空冷注水量在5t/h左右，改变常顶系统中露点腐蚀的位置。

3.6.2 塔顶排水铁离子含量和pH值控制

塔顶排水铁离子含量的多少能直观地反映出塔顶系统金属腐蚀的情况，因此使塔顶含硫污水中铁离子含量及pH值达到规定指标的要求，对控制塔顶腐蚀速率有着重要的作用。pH值与铁离子含量成反比，铁离子含量增加，说明装置腐蚀速率增加，需要调整缓蚀剂或中和剂注入量，达到控制腐蚀速率的目的。

控制目标：铁离子含量≤3mg/L，pH值为6.5~8.5。

控制范围：铁离子含量≤3mg/L，pH值为6~9。

相关参数：缓蚀剂注入量、中和剂注入量、水注入量。

控制方式：通过调节缓蚀剂、中和剂、水的注入量，控制塔顶排水pH值，中和剂注入量低则塔顶排水pH值低，中和剂注入量高则塔顶排水pH值高；缓蚀剂注入量增加则铁离子含量下降，缓蚀剂注入量下降则铁离子含量上升；注水量通过注水流量计手动调节。

控制流程图见图3-1。

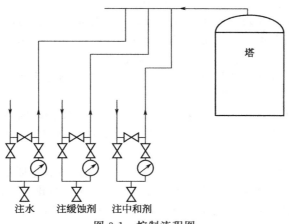

注水　注缓蚀剂　注中和剂

图3-1　控制流程图

正常调节见表3-59。

表3-59　正常调节

现象	影响因素	调节方法
塔顶排水pH值高	中和剂注入量高	降低中和剂注入量
塔顶排水pH值低	中和剂注入量低	提高中和剂注入量
铁离子含量升高	缓蚀剂注入量低	提高缓蚀剂注入量
铁离子含量下降	缓蚀剂注入量高	降低缓蚀剂注入量

异常调节见表3-60。

表 3-60　异常调节

现象	影响因素	处理方法
铁离子含量升高	原油性质变化	提高缓蚀剂注入量,提高注水量
	pH 值低	提高中和剂注入量,控制 pH 值在 6.5~8.5
	pH 值高	降低中和剂注入量,控制 pH 值在 6.5~8.5
塔顶排水 pH 值高	原油性质变化	降低中和剂注入量,提高注水量
塔顶排水 pH 值低	原油性质变化	提高中和剂注入量,降低注水量
	注剂泵故障	停泵,联系钳工对注剂泵进行检修
	注剂泵过滤器堵	停泵,清理过滤器

3.7　环保控制操作指南

3.7.1　环保控制操作原则

① 控制好本装置的污染物,通过治理污染物的源头解决污染问题,并逐年落实技术措施提高保护环境的能力。

② 做好事故处理预案,出现问题后现场人员采取临时措施防止污染事态扩大,并及时根据现场情况上报上一级主管部门和调度指挥系统。

③ 工业垃圾和生活垃圾应分别单独存放,放到指定的垃圾箱内。

④ 危险废物实行分类收集、分类处置的原则,公司在各单位设置的危险废物收集箱由各单位自行管理,收集箱专箱专用,严禁混放。

⑤ 对废电池、油抹布、废墨盒、废灯管、废旧电器等危险废物应与生产过程中产生的危险废物按同一标准进行管理。

⑥ 日常设备检修、采样等必须保证污油不能落地,保持现场环境整洁。

⑦ 认真执行环保法律、法规、方针、政策及文件,确保装置污染物排放符合工艺卡片要求。

⑧ 严格控制电脱盐污水中石油类物质含量≤500mg/L,保证电脱盐污水合格率为 100%,控制装置总排污水中石油类物质含量≤100mg/L,保证装置总排污水合格率为 100%。

⑨ 控制加热炉烟气中氮氧化物含量≤150mg/m^3,二氧化硫含量≤100mg/m^3。

3.7.2　正常操作法

3.7.2.1　氮氧化物含量控制

作为空气污染物的氮氧化物通常指一氧化氮和二氧化氮。氮氧化物对环境的损害作用极大,它既是形成酸雨的主要物质之一,也是形成大气中光化学烟雾的重要物质和消耗 O_3 的一个重要因子,是环保要求需要降低排放量的主要污染物之一。加热炉炉膛氧含量与氮氧化物含量成正比,但是加热炉氧含量过低容易造成炉子冒黑烟,同样影响环境,因此在日常调整过程中应及时调整,保证环保指标合格的同时兼顾加热炉其他工艺参数。

控制目标:≤150mg/m^3。

控制范围:≤150mg/m^3。

相关参数:氧含量。

控制方式：调整加热炉鼓风机为手动操作，鼓风机输出增加，进风量增加，烟气氧含量增加；鼓风机手操输出降低，进风量减少，烟气氧含量降低。

正常调节见表 3-61。

表 3-61 正常调节

现象	影响因素	调节方法
NO_x 含量高	火嘴进风量高	降低鼓风机转速，减少进风量；根据各火嘴燃烧情况，在保证燃烧正常的情况下，关小燃烧器一次、二次风门
NO_x 含量低	火嘴进风量低	提高鼓风机转速，增加进风量；根据各火嘴燃烧情况，针对燃烧不完全的火嘴，增加燃烧器一次、二次风门开度

异常调节见表 3-62。

有 3-62 异常调节

现象	影响因素	处理方法
烟气 CO 含量高	火嘴燃烧不完全	提高鼓风机转速，增加进风量；根据各火嘴燃烧情况，针对燃烧不完全的火嘴，增加燃烧器一次、二次风门开度

3.7.2.2 电脱盐污水中石油类物质含量控制

电脱盐罐脱水带油，一般是因为水界位过低造成的。油水界面过低，油水分离不好，就造成原油脱水带油。在加工重质原油或乳化程度较稳定的原油时，往往会出现罐底乳化层，油水界面建立不起来，导致脱水带油。

控制目标：≤500mg/L。

控制范围：≤500mg/L。

相关参数：注水量、注破乳剂量、电脱盐界位、混合压差、电流。

控制方式：调整注破乳剂量、电脱盐界位、混合压差及电场强度来实现对脱水含油量的控制。

正常调节见表 3-63。

表 3-63 正常调节

现象	影响因素	调节方法
电脱盐污水中石油类物质含量高	破乳剂注入量小、界位低	调整破乳剂注入量，控制界位

异常调节见表 3-64。

表 3-64 异常调节

现象	影响因素	处理方法
脱水颜色变黑，环保采样分析含油量超标	界位低或原油乳化	调节脱水量，提高界位
		降低原油加工量，联系电工调节电压挡位，调节破乳剂、水注入量，减小混合强度
异常调节失效	界位低或原油乳化	电脱盐停止脱水，提高电脱盐界位，检查确认脱水正常后投用脱水控制阀，检查期间如果界位过高不能控制，则停止注水

开工规程

操作性质代号：

（　）表示确认；

[　]表示操作；

<　> 表示安全确认操作。

操作者代号：操作者代号表明了操作者的岗位。

班长用 M 表示；

内操用 I 表示；

外操用 P 表示。

将操作者代号填入操作性质代号中，即表明操作者进行了一个什么性质的动作。

例如：

<I>—确认 H_2S 气体报警仪测试合格。

(P)—确认一个准备点火的高压瓦斯主火嘴。

(M)—联系调度引高压瓦斯进装置。

4.1 开工步骤

初始状态 S_0

施工结束，检查验收合格，交付开工。

4.1.1 开工总原则

装置开车总原则：确保开车一次成功，做到"四不开工"。

(M)—检修质量不合格不开工。

(M)—设备安全隐患未消除不开工。

(M)—安全设施未做好不开工。

(M)—场地卫生不好不开工。

4.1.2 制订方案、联系有关部门

(M)—编制开工方案和开工统筹图及工作进度表，组织讨论并报厂有关部门审批。

（M）—装置改造和检修项目，向操作人员进行详细交底。

（M）—做好开工时各项工作的组织安排，以及常用工具材料的准备工作。

[P]—联系罐区，准备好冲洗煤油。

[P]—配制好破乳剂、中和缓蚀剂，以及注水罐收好水。

（M）—联系调度，确保水、电、汽、风的供应。

（M）—向调度联系好原油罐、成品罐的安排，提前做好原油的脱水工作，使含水量不大于3%，准备好次品罐。

（M）—联系安排好分析项目，事先做好原油评价。

[P]—拆除检修过程中所有盲板，加好该加的盲板，并做好记录。

[P]—准备好点火棒，清除炉膛、烟道杂物，将两炉烟道板开1/2，关闭看火窗防爆门人孔，调整好各火嘴角度。用蒸汽检查火嘴是否畅通、有无渗漏，检查空气预器系统是否正常好用。

（M）—联系调度，落实次品油及成品油去向。

[P]—联系调度准备好减顶回流油、封油、冲洗油、塔顶回流汽油。

（M）—联系好分析化验工作。

4.1.3 蒸汽贯通、吹扫、试压

（1）蒸汽贯通吹扫试压应加压力表。

[P]—按开工统筹图内容的规定选择压力表。

[P]—按开工统筹图内容安装规定的压力表。

[P]—详见开工统筹图。

（2）蒸汽贯通吹扫试压流程。

[P]—按开工统筹图内容规定位置安装压力表。

[P]—按开工统筹图内容改通流程。

[P]—详见表开工统筹图。

[P]—吹扫前必须把有关的孔板、调节阀拆除，并做好位置记录。仪表引线阀关闭，以防破坏仪表。

[P]—引蒸汽进装置前，应对蒸汽管道进行全面检查，将蒸汽管道末端的放空阀及所有排凝阀打开，放尽管内存水。

[P]—经吹扫约30min或确认吹扫达到要求以后，关临界总阀。

[P]—把孔板调节阀安装好、仪表引线阀打开后，再缓慢地把蒸汽引进装置升压到设计压力值1.0MPa。

[P]—容器、塔试压时，应先关闭玻璃液面计，防止损坏。

[P]—塔容器试验的压力，按工艺条件，不得超过安全阀起跳压力。

[P]—先排冷凝水，缓慢给汽，以免发生水击，根据管内蒸汽流动声音或温度来判断管线畅通与否。

[P]—调节阀走副线，冷却器换热器先走副线，另一程放空阀必须打开。

[P]—对备用设备、管线副线以及可能的死角进行吹扫。

[P]—各系统、各设备的所有压力表必须事先经过校验，其导管必须畅通。

[P]—容器、塔等试压后，立即消除设备、管线内压力，并放掉冷凝水。

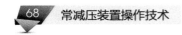

[P]—要做到人离汽净，同时防止设备管线内由于蒸汽冷凝产生负压损坏设备。

4.1.4　减压塔抽真空气密性试验

（1）减压塔抽真空气密性试验检查。

[P]—检查减压塔抽真空系统设备安装是否符合要求。

[P]—检查减压塔及塔顶冷凝系统、管线、法兰等在负压状态下是否有泄漏现象。

（2）检查确认。

（M）—按照操作要求，在720mmHg以上真空度下做气密实验10h，真空度下降速度不应大于2mmHg/h。

[P]—减压塔抽真空，气密性试验过程中应该按要求每2h记录并检查一次。

[P]—在减压塔顶、进料段分别安装水银差压计或者新校正的真空压力表。

（3）抽真空气密性试验步骤。

（M）—减压塔必须先蒸汽试压，符合规定要求。

[P]—减压塔真空系统按正常开工改好流程，必须注意水环式真空泵和大气腿的放空管线要保持畅通，并将阀门打开。

[P]—大气腿建立水封。

[P]—关闭减压塔各侧线抽出、中段回流、汽提蒸汽进口、塔底等全部阀门。

[P]—调整炉出口"8"形盲板处于盲断状态。

[P]—启动减顶间冷器。

[P]—将蒸汽冷凝水排净，引蒸汽到真空泵。

[P]—减压塔顶真空度抽到98kPa。

（M）—稳定。

[P]—关闭增压器和一级抽空器的蒸汽。

（M）—进行气密性试验。

[P]—减压塔人孔无泄漏。

[P]—减压塔法兰无泄漏。

[P]—减顶挥发系统无泄漏。

（M）—减压塔抽真空气密性试验完毕。

（M）—减压塔恢复正常压力。

4.1.5　引原油试压

（1）流程检查确认。

[P]—脱除系统的杂物，贯通流程。

[P]—考验主要机泵、设备、仪表。

[P]—进行技术练兵，为进油运转打好基础。

（2）试压大循环流程。

（3）进油试压。

[P]—原油、初底油、常压重油、减压渣油及大循环线均以原油试压，采取分段进油、分段试压的方法。

[P]—改流程执行三级检查制，即操作工改流程、班长复查、技术员验收，检查流

程线路是否畅通,放空阀是否关严,另一侧放空阀是否打开;进油时,要有专人跟着进油流程走,详细检查泄漏情况,杜绝跑、冒、滴、漏现象。

[P]—进油前启动三塔液面表,油表投用,专人记录,进油时注意掌握各泵出口开度,系统压力升降速度不大于 0.2MPa/min。

[P]—进油时,原油系统试压暂不带 V1001A/B/C,待原油系统试压完后,可向 V1001A/B/C 进油并试压 2.6MPa。

[P]—启动 P1001A/B 向 T1001 进油,进油速度为 $10m^3/min$,在 T1001 底派专人脱水,见油后开始试压。

[P]—第一次试 1.5MPa。

[P]—第二次试 2.6MPa。

[P]—然后改通进 T1001 进油流程。

[P]—在进原油时,观测 LICA1171 的变化并与现场实际对照,当正常后启动 P1002A/B 向 T1002 进油,T1002 见油后对初底油流程及常压炉进行试压,以 E1018A~G 等换热器出口压力表压力为准,第一次试 1.5MPa,第二次试 2.6MPa;启动 P1009A/B 向减压炉减压塔进油,并对减压系统试压,试 2.0MPa 即可;启动 P1015A/B 向装置外倒油,并对减压系统试压,试 1.5MPa;当置换原油 $300m^3$ 左右时,可改闭路循环进入冷循环阶段。改循环方法:先将 T1001 液位控制在 80%~90%,T1004 底控制在 90%~95% 后停原油泵,建立冷循环,循环量 260t/h。

(M)—试压系统无泄漏和设备设施无损坏。

(M)—开工前准备结束,各项工作达到标准。

(4) 确认:

(M)—开工方案、统筹图、进度表完整。

(M)—报公司有关部门通过审批。

(M)—联系各有关部门到位。

(M)—蒸汽贯通、吹扫、试压结束,达到目的。

(M)—减压塔抽真空气密试验结束,达到标准。

(M)—引柴油(原油)试压结束。

(M)—试压系统无泄漏,设备设施无损坏。

(M)—开工前准备结束,各项工作达到标准。

(M)—开始下步工作。

状态 S_1

开工前准备完毕。

4.1.6 引工艺介质原油、升温、热紧、开侧线投辅助系统

引原油前准备工作如下:

(1) 下列流程改通(见辅助说明)。

[P]—初顶系统。

[P]—初侧油。

[P]—常顶系统。

[P]—常顶循。

[P]—常一中。

[P]—常一线。

[P]—常二线。

[P]—常三线。

[P]—减顶油。

[P]—减一线及减一中回流。

[P]—减二线及减二中回流。

[P]—减三线及减三中回流。

[P]—过汽化油。

[P]—燃料油系统。

[P]—高压瓦斯系统。

[P]—各换热器副线阀稍开两扣。

（2）确认下列界区阀门关闭。

[P]—原油进装置阀。

[P]—常一线出系统阀。

[P]—常二线出系统阀。

[P]—常三线出系统阀。

[P]—减一线出装置阀。

[P]—减二线出系统阀。

[P]—减三线出系统阀。

[P]—渣油出装置。

[P]—开工补油进装置阀。

[P]—污油出装置阀。

[P]—燃料油至循环线阀。

[P]—管网高压瓦斯进装置阀。

（3）确认下列设备、设施状态。

加热炉：

[P]—加热炉完好。

[P]—点火棒、柴油备好。

[P]—各火嘴软管连接断开。

[P]—各火嘴手阀关闭。

机泵：

[P]—确认 P1002、P1009、P1015 完好备用。

空冷器：

[P]—确认 A1001A-L、A1002、A1003、1004A/B 完好备用。

塔：

[P]—T1001 塔底抽出阀关。

[P]—T1002 塔底抽出阀关。

[P]—T1002 侧线馏出阀全开。

[P]—T1002 各回流返塔调节阀关。

[P]—T1003 侧线抽出阀全开。

[P]—V1002 分水包放空阀全关。

[P]—T1004 塔底抽出阀关。

[P]—T1004 侧线馏出阀全开。

[P]—T1004 各回流返塔调节阀关。

[P]—T1004 侧线抽出阀全开。

[P]—各塔处于微正压状态。

电脱盐罐：

[P]—确认 V1001A/B/C 放空阀关闭。

安全：

[P]—各消防蒸汽引蒸汽备用。

[P]—消防器材完好备用。

[P]—可燃气体报警仪测试合格投用。

[P]—安全阀投用。

仪电：

[P]—确认各调节阀好用。

[P]—确认联锁校验合格。

[P]—确认报警试验合格。

[P]—确认仪表完好投用。

[P]—确认装置照明系统完好。

（4）引封油、汽油、燃料油辅助系统。

引封油：

[P]—由开工柴油进装置线（减一出装置线）经减二线油及封油罐管线至 V1008。

[P]—改通减二线油至 V1008 流程。

[P]—联系储运启泵通过柴油线向装置输油。

[P]—当 V1008 液位至 70％时，联系储运人员停止输油。

引初顶、常顶汽油：

[P]—由开工汽油进装置线（不合格汽油出装置线）分别向 V1002、V1026 收汽油。

[P]—联系储运人员启泵通过不合格汽油线向装置输汽油。

[P]—V1002、V1026 均收至 80％时，联系储运人员停泵。

引燃料油：

[P]—燃料油自罐区进装置线引油至 V1009。

[P]—对燃料油罐进行彻底脱水。

（M）—确认燃料油循环流程改通。

[P]—启动燃料油泵，建立燃料油循环。

（5）引原油前对外联系及对电脱盐罐进行确认。

（M）—联系调度、原油罐区、成品罐区落实原料及产品去向。

（M）—联系化验分析确定原油分析数据。

(M)—联系原油罐区做好引原油大循环准备。

[P]—确认装置内循环流程畅通。

(M)—确认装置外循环流程畅通。

[P]—确认循环系统各换热器、调节阀、油表的副线阀稍开。

[P]—投用循环流程流量表。

[P]—确认 V1001A/B/C 罐顶放空阀关闭。

[P]—配置中和缓蚀剂备用。

[P]—配置破乳剂备用。

[P]—注水罐 V1004 收除盐水备用。

(6) 电脱盐罐装油。

(M)—联系电工给 P1001A/B/C、P1002A/B、P1009A/B、P1015A/B 送电。

(M)—联系调度确认原油顶柴油的流程已畅通。

(M)—联系原油罐区送原油。

(7) 向装置引原油。

[P]—打开原油进装置大阀。

[P]—准备好 P1001A/B/C。

[P]—启动 P1001A。

[P]—手动调节脱前 2 路 FIC1091、FIC1092，每路 130t/h 左右。

[P]—将脱后 FIC1161、FIC1162 每路提至 130t/h。

[P]—确认大循环流程中的柴油已被原油置换干净，停 P1002、P1009、P1015。

[P]—关小 P1001A 出口阀。

[P]—开 V1001A 入口阀。

[P]—确认 V1001A/B/C 装满油。

(8) 确认：

(P)—各侧线及中段回流打通。

(M)—各侧线及中段回流打通。

(M)—封油、汽油引进装置。

(M)—原油引进电脱盐罐结束。

状态 S$_2$

引工艺介质原油进装置结束。

4.1.7   建立冷循环

(1) 贯通循环流程。

(M)—联系原油罐区做好循环准备。

[P]—准备好 P1002A/B。

[P]—启动 P1002A。

(M)—均衡常压炉 4 路量，每路 65t/h 左右。

[P]—确认 T1001 初馏塔液位为 60%。

[P]—确认 T1002 常压塔液位为 60%。

［P］—准备好 P1009A/B。

［P］—启动 P1009A。

（M）—控制 F1002 减压炉 8 路量，每路 45t/h 左右。

（M）—手动调节 FRCA1191/1~4。

［P］—稳定常底液位 60%。

［P］—确认 T1004 液位至 60%。

［P］—准备好 P1015A/B。

［P］—启动 P1015A。

（M）—确认原油罐区见原油。

［P］—关各油表、调节阀的副线阀。

［P］—控制循环量为 260t/h。

［P］—循环系统投自动控制。

［P］—确认下列控制投自动：

① LIC1171 串级。

② 电脱盐压力控制为 1.2MPa。

③ 确认 V1001A/B/C 水位在第二观察口。

④ 切换 P1001A→B、P1002A→B、P1009A→B、P1015A→B。

注意事项：建立循环过程中，岗位人员要随着流程仔细检查严防跑、冒、窜、漏。

（2）改闭路循环。

（M）—确认原油含水量小于 3%。

（M）—联系调度及原油罐区准备改闭路循环。

［P］—将初馏塔液位控至 80%。

［P］—将减压塔液位控至 95%。

［P］—停 P1001B，关泵出口阀。

（M）—确认系统闭路循环正常。

（3）系统闭路循环正常。

［P］—原油温度为 60℃。

［P］—循环量为 260t/h。

［P］—脱前 2 路量 FIC1091、FIC1092 为 130t/h。

［P］—减压炉 6 路量 FICA1231/1~6 为 45t/h。

［P］—初底液位 LICA1171 为 60%。

［P］—常底液位 LICA1201 为 60%。

［P］—减底液位 LICA1245 为 60%。

［P］—电脱盐罐压力为 1.2MPa。

［P］—常顶、初顶压力正常。

［P］—减顶大气放空微正压。

［P］—P1002B、P1009B、P1015B 运转正常。

［P］—各换热器投用正常，副线阀稍开。

（4）确认下列控制系统投用正常。

[I]—LICA1171 与 FIC1191/1～4 串级。

[I]—LICA1171 SP 值为 60％。

[I]—LICA1201/1 与 FICA1231/1～6 串级，LICA1201/1 SP 值为 60％。

[I]—LICA1245/1 与 FICQ1120A/B 串级，LICA1245/1 SP 值为 60％。

（5）确认：

(M)—冷循环建立起来。

(M)—冷循环系统塔正常。

(M)—冷循环系统加热炉炉管正常。

(M)—冷循环系统各换热器正常。

(M)—冷循环系统各机泵正常。

(M)—冷循环系统仪表控制系统正常。

稳定状态 S_3

建立原油冷循环。

4.1.8　系统循环、升温、脱水、热紧

（1）加热炉点火系统准备工作如下。

(M)—联系电工给空冷 A1001A～L、A1002、A1003、A1004A/B 送电。

(M)—联系电工给机泵送电。

[P]—确认 P1003A/B、P1004A/B、P1005A/B 送电。

[P]—确认 P1006A/B、P1007A/B、P1008A/B 送电。

[P]—确认 P1010A/B、P1012A/B、P1013A/B、P1014A/B 送电。

[P]—确认 P1016A/B、P1017A/B、P1018A/B、P1019A/B、P1020A/B 送电。

[P]—确认 P1023A/B、P1024A/B、P1025、P1026、P1027、P1028A/B/C、P1029、
P1030A/B、P1031 送电。

（2）点火前准备工作如下。

(M)—确认备好点火枪。

[P]—引消防蒸汽至炉前脱净水。

[P]—引雾化蒸汽至炉前脱净水。

(M)—联系化验做常压炉炉膛、减压炉炉膛气体分析。

[P]—确认气体分析合格。

（3）常压炉点火。

[P]—确认常压炉具备点火条件。

[P]—点火（见加热炉点火规程）。

[P]—按常压炉升温曲线升温。

[P]—常压炉炉膛对称各点两个油火嘴。

[P]—视炉出口温度，调整火嘴。

（4）减压炉点火。

[P]—确认减压炉具备点火条件。

[P]—点火（见加热炉点火规程）。

［P］—按减压炉升温曲线升温。

［P］—减压炉对称点两个油火嘴。

［P］—视炉出口温度，调整火嘴。

（5）0.3MPa蒸汽引至常压炉过热段保护过热段炉管。

［P］—改好0.30MPa蒸汽流程。

［P］—过热蒸汽去塔底吹汽阀门关闭。

［P］—各低点切水见汽关。

（6）升温过程中注意事项如下。

［P］—切换备用泵，有专人认真检查运转情况。

［P］—检查实际流量与计算机系统画面流量是否正常，分支是否有偏流现象。

［P］—校验实际值与计算机画面指示值是否相同。

［P］—控制炉出口温度不大于100℃。

［P］—渣油温度不大于60～80℃。

［P］—机泵要循环使用。

（M）—检查计算机运行情况，发现问题及时联系处理。

点火注意事项：联系化验做两炉膛气体瓦斯浓度分析，合格后方可点火。

（7）系统循环150℃恒温脱水。

① 系统升温至150℃。

［P］—恒温时间为2.5h。

［P］—调整常压炉A、B炉膛火嘴升温。

［P］—视初顶压力情况开PIC1172控制初顶压力。

［P］—视常顶压力情况开A1001A～L控制常顶压力。

［P］—调整常炉炉膛火嘴按炉出口20℃/h的速度升温至150℃。

［P］—确认TICA1193升温至150℃恒温。

② 系统循环150℃恒温脱水。

［P］—系统各放空处脱净水。

［P］—常顶循、常一中泵出口放空处脱净水。

［P］—常压侧线泵出口放空处脱净水。

［P］—减压侧线泵出口放空处脱净水。

［P］—常顶循FIC1201调节阀脱净水。

［P］—常顶回流FIC1203调节阀脱净水。

［P］—初侧油泵出口放空处脱净水。

［P］—初顶回流FV1171调节阀脱净水。

［P］—V1002、V1026收油至40%后，在脱水调节阀处脱水。

［P］—V1002、V1026脱水投自动SP＝30%。

［P］—燃料油压力PIC1236控制在0.6～0.7MPa。

［P］—E1022A/B、E1023A/B、E1024A/B、E1025A～D、E1026A～D、E1027、E1028A/B、E1029、E1030投用循环水。

［P］—减压渣油经E1026A～D换热后温度不大于80℃。

[P]—切换 P1002B→A、P1009B→A、P1015B→A。

[P]—根据温度控制指标范围，及时建立初、常顶回流。

[P]—初馏塔顶温度 TIC1175 不大于 80℃。

[P]—常压塔顶温度 TIC1201 不大于 90℃。

(M)—联系化验做循环油含水分析。

(M)—确认含水量痕迹，恒温脱水结束。

(8) 系统循环升温至 220℃建立塔顶循环。

① 系统升温前准备工作如下。

(M)—联系保运人员现场待命。

(M)—联系调度及罐区。

[P]—打开初顶、常顶汽油出装置跨线阀门。

[P]—确认初顶、常顶汽油外送流程改通。

[P]—打开常顶汽油出装置阀门。

[P]—确认常顶汽油外送流程改通。

[P]—确认各侧线泵做好开工准备。

② 系统升温，建立常顶回流初顶回流。

[P]—对称增点常压炉炉膛火嘴。

[P]—控制常压炉出口温度 TICA1193 以 20℃/h 的速度开始升温。

[P]—常顶回流泵 P1003A/B 出口排凝阀处切净水。

[P]—准备好 P1003A/B。

[P]—启动 P1003A。

[P]—逐步缓慢开大泵出口阀。

[P]—投用常顶回流调节阀 FV1203。

[P]—检查系统有无漏点。

[P]—确认系统无泄漏。

[P]—确认常顶回流建立正常。

[P]—启动初、常顶空冷器及常顶后冷器。

[P]—回流温度不大于 50℃。

[P]—控制常顶温度 TIC1201≯110℃。

[P]—P1032A/B 出口排凝阀处切净水。

[P]—准备好 P1032A/B。

[P]—启动 P1032A。

[P]—逐步缓慢开大泵出口阀。

[P]—投用初顶回流调节阀 FV1171。

[P]—检查系统有无漏点。

[P]—确认系统无泄漏。

[P]—确认初顶回流建立正常。

[P]—控制初顶温度 TIC1175≯100℃。

[P]—V1026 液位至 50%，汽油及时外送。

[P]—启动常顶空冷器及常顶后冷器。

[P]—回流温度不大于40℃。

[P]—控制常顶温度TIC1201≯110℃。

[P]—V1002液位至50％，汽油及时外送。

[P]—V1002液位LICA1221投自动，SP＝50％。

（M）—联系调度、罐区。

③ 建立常压顶循环回流。

[P]—常顶循环泵P1004A/B出口排凝阀处切净水。

[P]—准备好P1004A/B。

[P]—启动P1004A。

[P]—逐步缓慢开大泵出口阀。

[P]—投用常顶循控制阀FV1201。

[P]—确认系统无泄漏。

[P]—确认常顶循建立正常。

恒温脱水注意事项：升温时，应检查塔底有无响声，塔底泵有无抽空现象，塔进料温度与塔底温度差越小越好。

（9）系统循环升温至250℃恒温热紧。

① 调整两炉出口温度控制系统的SP值，每个升温阶段的每次调整按SP值相应的升温曲线升温，当炉出口温度稳定后，接着进行下次的调整。

[P]—确认TICA1193、TICA1232升至250℃恒温热紧。

[P]—检查系统泄漏点。

（M）—联系保运人员处理泄漏点。

[P]—确认系统无漏点。

[P]—调两炉自然通风风门及烟筒挡板，控制炉膛氧含量＜3％。

[P]—确认炉膛负压在指标内。

② 系统250℃循环正常。

[P]—循环量控制320t/h。

[P]—减压炉6路量FICA1231/1～6为40t/h。

[P]—常压炉出口TICA1193为250℃。

[P]—减压炉出口TICA1232为250℃。

[P]—初底液位LICA1171为50％。

[P]—常底液位LICA1201/1为50％。

[P]—减底液位LICA1245/1为50％。

[P]—初顶温度TIC1175≯100℃。

[P]—初顶压力PI1171≯50kPa。

[P]—常顶循环回流正常。

[P]—常顶温度TIC1201≯110℃。

[P]—常顶压力PI1201≯30kPa。

[P]—初顶、常顶汽油外送正常。

[P]—减顶空冷适当投用。

[P]—减顶真空度 PI1241/1 为 1kPa。

[P]—减顶温度 TIC1248/1≯60℃。

(M)—系统 250℃恒温热紧结束，装置无泄漏。

(10) 确认：

(M)—系统循环正常。

(M)—常压炉出口温度 150℃恒温脱水。

(M)—V1026、V1002、V1003 脱水正常。

(M)—各机泵、备用泵切换、脱水正常。

(M)—常压炉出口温度 250℃系统恒温热紧。

(M)—初馏塔、常压塔、常压汽提塔、减压塔热紧。

(M)—V1001～V1021 热紧。

(M)—E1001～E1018 热紧。

(M)—加热炉系统热紧。

(M)—系统运行正常。

(M)—系统循环 150℃恒温脱水、250℃系统循环恒温热紧结束。

状态 S₄
系统循环 150℃恒温脱水、250℃系统循环恒温热紧结束。

4.1.9　常压系统开侧线

(1) 常压系统开侧线准备如下。

(M)—联系原油罐区做原油开路循环准备。

(M)—开侧线时，要联系仪表部门启动各台仪表。

(M)—联系罐区做好收侧线油准备。

(M)—联系罐区做好收渣油准备。

(M)—联系化验人员做好循环油含水分析。

(M)—确认循环油含水分析两次出现痕迹量。

[P]—确认 T1001、T1002、T1004 及中段回流低点脱水已净。

[P]—按常压侧线流程将常压一、二、三侧线从常压塔到常压汽提塔馏出阀打开，将常一、二、三线抽出阀打开，常压侧线泵 P1006A/B、P1007A/B、P1008A/B 入口打开、出口关闭。各侧线泵出口后流程改通，各放空关闭，过滤器和油表改副线。

[P]—各侧线和中段回流流程按辅助说明执行。

[P]—确认常压侧线进油流程改通。

(M)—确认经过设备热紧无泄漏。

(M)—确认热循环期间 DCS 系统无问题。

[P]—T1001、T1002、T1004 液面与实际对照处于液面板中部，V1002 液面在中部。

[P]—打开常压侧线出装置阀。

[P]—确认常顶循、常一中流程改通。

(2) 常压炉出口升温至 300℃期间工作如下。

① 升温相关工作如下。

[P]—对称增点常压炉 A/B 炉膛火嘴。

[P]—控制炉出口 TICA1193 以 30℃/h 的速度升温。

② 开常底及侧线汽提蒸汽。

[P]—常底汽提蒸汽调节阀 FV1204 处脱净水。

[P]—投用 FV1204，手动控制。

[P]—确认常底吹汽在塔根部放空见干汽。

[P]—确认常底吹汽塔根部放空阀关闭。

[P]—缓慢打开 T1002 底吹汽阀。

[P]—调节 FV1203 控制吹汽量为 2.0t/h。

③ 渣油转开路循环。

(M)—联系调度、原油罐区开路循环。

[P]—开渣油出装置阀。

[P]—缓慢关闭循环线阀。

[P]—启原油泵 P1001A 向 T1001 送油。

[P]—对称增点炉火保持 TICA1193 为 300℃。

[P]—初顶 TI1171≯90℃，PI1171≯50kPa。

[P]—控制常顶 TIC1201≯110℃，PI1201≯60kPa。

④ 建立常一中回流。

[P]—常一中回流泵 P1005A/B 出口放空阀脱净水。

[P]—准备好 P1005A/B。

[P]—启动 P1005A。

[P]—逐步缓慢开泵出口阀。

[P]—投用 FV1202。

[P]—控制 FIC1202 量。

[P]—确认常一中建立正常。

⑤ 开常一线。

(M)—确认常一线并二线流程畅通。

[P]—P1006A/B 出口放空阀脱净水。

[P]—确认一线油汽提塔液位 LRC1211 至 50％。

[P]—投用 FIC1123。

[P]—准备好 P1006A/B。

[P]—启动 P1006A 外送。

[P]—确认外送畅通。

[P]—确认系统无泄漏。

[P]—控制 TIC1126≯60℃。

[P]—备用泵预热。

[P]—LICA1201 液位投自动，SP＝50％。

(M)—联系化验室采样分析。

(M)—确认常一线馏程、密度、闪点合格。

（3）升温至 350℃。

① 系统升温相关工作如下。

[P]—对称增点常压炉炉膛火嘴。

[P]—控制炉出口 TICA1193 以 30℃/h 升温。

[P]—投用 TICA1193 与 FRC1193、FIC1194 串级。

[P]—装置提量到 300t/h。

② 建立初顶回流。

[P]—P1032A/B 出口放空阀脱净水。

[P]—准备好 P1032A/B，启动 P1032A。

[P]—逐步缓慢开泵出口阀。

[P]—投用 FV1171，控制 FIC1171 量为 25t/h。

[P]—投用 TIC1175 与 FIC1171 串级控制。

[P]—控制顶温 TIC1175≯100℃。

[P]—V1026 液位至 50%，初顶油及时外送。

[P]—V1026 液位 LICA1173 投自动，SP＝50%。

③ 开初侧油。

[P]—P1033A/B 出口放空阀脱净水。

[P]—准备好 P1033A/B。

[P]—打开初侧油与常一中连通阀。

[P]—启动 P1033A。

[P]—逐步缓慢开泵出口阀。

[P]—投用 FV1173。

[P]—控制 FV1173 量为 10t/h。

[P]—确认初侧油建立正常。

[P]—备用泵预热。

④ 开常二线。

(M)—联系罐区常压柴油外送。

(M)—确认常二线流程畅通。

[P]—P1007A/B 出口放空阀脱净水。

[P]—确认 LIC1212 液位至 50%。

[P]—投用 LV1212。

[P]—准备好 P1007A/B。

[P]—启动 P1007A 外送。

[P]—确认外送畅通。

[P]—确认系统无泄漏。

[P]—备用泵预热。

[P]—LIC1212 液位投自动，SP＝50。

(M)—联系化验室采样分析。

(M)—确认常二线质量合格。

(M)—联系调度、罐区转合格罐。

⑤ 提处理量。

[P]—调节 FRCA1191/1~4 四路提量。

[P]—确认原油量为 375t/h。

[P]—对称增点火嘴，控制 TIC1193 为 350℃。

[I]—控制 T1001、T1002、T1004 底液位 SP＝50％。

[P]—控制初顶 TIC1175≯100℃，PI1171≯50kPa。

[P]—控制常顶 TIC1201≯120℃，PI1201≯60kPa。

⑥ 开常三线。

(M)—确认常三线并减二线流程畅通。

[P]—P1008A/B 出口放空阀脱净水。

[P]—准备好 P1008A/B。

[P]—启动 P1008A 外送。

[P]—投用 FV1163。

[P]—确认系统无泄漏。

[P]—备用泵预热。

[P]—FIC1163 投自动，SP＝50％。

(M)—联系化验室采样分析。

(M)—确认常三线质量合格。

(4) 常压炉升温至 358℃，调整操作。

① 常压炉升温。

[P]—对称增点 F1001A/B 火嘴。

(M)—常压炉升温至 365℃。

② 常压系统调整操作。

[I]—提量到规定的范围内。

[P]—按工艺卡片优化常压炉操作。

[I]—开常压塔塔底吹汽至 3~4t/h。

[P]—开常压侧线汽提蒸汽至正常量。

[P]—调节各产品外送冷后温度指标至合格。

[P]—按生产方案调节常压产品质量。

(M)—联系调度产品转合格罐。

[P]—检查各备用泵预热情况。

[P]—确认原油系统换热器副线阀关。

[P]—确认常压系统换热器副线阀关。

③ 常压系统处于下列状态。

[P]—原油处理量为 375t/h。

[P]—减炉 6 路量 FICA1231/1~6 为 50t/h。

[I]—常压炉出口温度 TICA1193 为 365℃。

[I]—减压炉出口温度 TICA1232 为 340~350℃。

[P]—V1001A/B/C 水位在第一、二观察口之间。

[P]—初顶回流建立正常。

[P]—初侧油正常。

[I]—初顶温度 TIC1175≯100℃。

[I]—初顶压力 PI1171≯50kPa。

[P]—初侧油正常，FIC1173 量为 20t/h。

[P]—常压塔塔底吹汽量 FIC1203 为 3～4t/h。

[P]—常顶温度 TIC1201 为 110～120℃。

[P]—常顶压力 PI1201≯60kPa。

[I]—常顶循环正常，FIC1201 量为 140t/h。

[I]—常一中循环正常，FIC1202 量为 110t/h。

[P]—常压侧线处装置温度在指标内。

[P]—常压侧线外送正常。

[M]—常压产品质量合格。

（5）确认：

（M）—常压炉升温至 365℃。

（M）—初馏塔塔顶挥发系统正常。

（M）—初侧油投用正常。

切换原油、开侧线注意事项：开侧线时，量不要过大，防止干塔盘时冲塔；在升温过程中，高温泵要加强检查，防止泄漏。

（M）—初馏塔底初底油系统运行正常。

（M）—常压炉各系统运行正常。

（M）—常压塔塔顶挥发系统正常。

（M）—常顶循、常一中系统投用正常。

（M）—常一线系统运行正常。

（M）—常二、三侧线投用运行正常。

（M）—常压系统设备、设施运行正常。

（M）—常压系统仪表投用正常。

状态 S₅

常压系统运行正常，调整产品质量。

4.1.10　开减压系统

（1）减压系统准备工作（与常压系统开工同时进行）如下。

① 减压系统流程准备如下。

[P]—减压各侧线和中段回流流程按"辅助说明"执行。

[P]—改通减顶系统流程。

[P]—改通减一线及一中回流流程。

[P]—改通减二线及减二中回流流程。

[P]—改通减三线及减三中回流流程。

[P]—改通过汽化油流程。

［P］—确认下列阀门关闭：P1011A/B、P1012A/B、P1013A/B、P1014A/B 出口阀及副线阀；LV1241、1242、1243、1244 下游阀及副线阀；V1003 不凝气出口至减顶瓦斯线阀。

［P］—确认下列阀门打开：减一线及一中、减二线及二中、减三线及三中塔抽出阀；V1003 顶放空至大气阀。

② V1003 建立水封，投用间冷器。

［P］—改通 V1003 水封流程。

［P］—确认 V1003 直排阀关。

［P］—打开 V1003 溢流直排阀。

［P］—打开 V1003 顶放空阀。

［P］—打开 V1003 上水阀。

［P］—确认 V1003 溢流直排阀见水。

［P］—关闭 V1003 上水阀。

［P］—投用间冷器 E1028A/B、E1029、E1030。

③ 引抽真空蒸汽。

（M）—蒸汽分水器放空脱净水。

［P］—缓慢打开蒸汽出口阀。

［P］—专线蒸汽放空脱水。

④ 引开工蜡油至减一线集油箱。

（M）—联系调度准备引开工蜡油。

［P］—打开开工蜡油进装置（蜡油出装置）阀。

［P］—打开开工蜡油线至 P1011A/B 入口阀。

［I］—确认减一线集油箱液位至 100％。

［P］—打开 P1011A/B、P1012A/B、P1013A/B、P1014A/B 出入口阀。

［P］—改通回流系统返塔系统流程。

［I］—确认减一、减二、减三线集油箱见液位。

［P］—关开工蜡油线至 P1011A/B 入口阀。

［P］—关闭 P1011A/B、P1012A/B、P1013A/B 出口阀。

（2）升温至 150℃恒温脱水（与常压并行）。

① 减压炉点火（见点火规程）系统升温至 150℃。

［P］—调整减压炉炉膛火嘴升温。

［P］—调整减压炉炉膛火嘴按 20℃/h 的速度将炉出口温度升至 150℃。

［P］—确认 TICA1232 升温至 150℃恒温。

② 减压系统 150℃恒温脱水。

（M）—恒温 2.5h。

［P］—系统各放空处脱净水。

［P］—减一中、减二中、减三中回流出口放空处脱净水，见油关闭。

［P］—减压侧线泵出口放空处脱净水。

［P］—减一中 FRC1241 调节阀脱净水。

［I］—V1003 脱水投自动，SP＝50％。

[I]—燃料油压力控制在 0.6～0.7MPa。

[P]—减渣冷后温度不大于 90℃。

[P]—各冷却器给水循环。

[P]—渣油每小时顶线一次（外送线）。

[P]—切换 P1002、P1009、P1015 至备用泵（与常压同步进行）。

[P]—建立减一中回流，控制其温度在指标范围内。

[I]—减压塔顶温度不大于 60℃。

(M)—联系化验做循环油含水分析。

(M)—确认含水量痕迹，恒温脱水结束。

(3) 系统升温至 250℃ 恒温热紧。

① 减压开侧线准备如下。

(M)—联系调度罐区做好收蜡油准备。

(M)—联系仪表部门启动各台仪表。

[P]—打开减一、二、三线出装置阀。

(M)—联系电工给下列机泵送电：P1011A/B、P1012A/B、P1013A/B、P1014A/B、P1010A/B、P1019A/B。

② 开三级抽真空，保持减顶微负压。

[I]—确认减压炉出口 TICA1232 至 220℃。

[P]—缓慢稍开三级抽真空。

[P]—调节空冷器。

[I]—确认大气腿温度≯30℃。

[P]—确认减顶真空度 PI1241/1 为 65kPa。

[I]—减压炉出口温度 TICA1232 为 250℃。

[I]—减顶温度 TIC1248/1≯60℃。

[P]—减顶三级抽空器稍开。

[I]—减顶真空度 PI1241/1 为 98kPa。

[I]—减底液位 LICA1245/1 为 50%。

[P]—开工蜡油引至减一线集油箱，保证减压一线有足够的蜡油打回流。

[P]—减压炉自然通风。

[P]—减压系统 250℃ 恒温热紧结束。

(4) 减压炉升温至 350℃。

① 减压炉升温。

[P]—对称增点火嘴。

[P]—控制 TICA1232 以 20℃/h 的速度升温至 350℃。

② 投减压炉炉管 6 路注汽（如需要）。

(M)—确认排空管内介质。

[P]—打开蒸汽线至减压炉 6 路注汽线阀门，引蒸汽至阀组处排凝。

(M)—确认无水排出，见蒸汽。

[P]—关闭 FICA1231A 路注汽阀组排空阀。

[P]—打开 FICA1231A 路注汽阀组后手阀。

[P]—以同样的方法投其他 FICA1231B~F 各路注汽。

投 8 路注汽注意事项：减压塔液面控制在 60%，投注汽必须排净注汽线内存水。

③ 建立减顶回流和一中回流。

[P]—确认 FV1241 关闭。

[P]—确认减顶温度 TIC1248/1 不大于 75℃。

[P]—启动 P1011A。

[P]—投 TIC1248/1 与 FRC1241 串级控制。

[I]—控制顶温 TIC1248/1≯75℃。

[P]—手动开 FV1241，建立一中回流。

④ 调节三级抽真空。

[P]—以 40kPa/h 的速度降低塔顶压力。

[P]—调节空冷器。

[P]—确认大气腿温度≯36℃。

⑤ 减顶油外送。

[P]—准备好 P1010A/B。

[P]—开减顶油与减一线油连通阀。

(I)—确认 V1003 油位为 60%。

[P]—启动 P1010A。

[P]—确认减顶油外送畅通。

⑥ 开一级抽空器 EJ1002A/B。

[P]—缓慢开抽真空蒸汽阀。

[P]—调节空冷器控制大气腿温度≯30℃。

[P]—确认大气腿温度≯36℃。

[P]—开蒸汽抽真空至最大值。

[P]—确认减压炉出口温度 TICA1232 至 300℃。

[P]—缓慢开 T1004 底吹汽阀。

[P]—确认减压炉出口温度 TICA1232 至 320℃。

⑦ 开增压器 EJ1001A/B。

[P]—缓慢开 T1004 底吹汽阀。

[P]—缓慢开抽真空蒸汽阀。

[P]—调节空冷器控制大气腿温度≯36℃。

[P]—确认大气腿温度≯36℃。

[P]—以 40kPa/h 的速度开增压器 EJ1001A/B 至最大值。

⑧ 开减一线。

(M)—联系调度罐区减一线外送。

[P]—确认减一线流程畅通。

[P]—打开减一线出装置阀。

[P]—手动开 LV1241 外送。

[P]—确认流程畅通。

[P]—确认无泄漏。

[I]—确认减一线液位 LIC1241 至 50%。

[I]—投用减一线液位 LIC1241 自动控制，LIC1241 的 SP 值为 70%。

[P]—投用 E1024A/B，控制减一线油出装置温度≯50℃。

[P]—备用泵预热。

(M)—联系化验室采样分析。

(M)—确认减一线质量合格。

(M)—联系调度、罐区转合格罐或并入柴油线。

(5) 减压炉升温至 385℃，调整操作。

① 建立减二中。

[P]—准备好 P1012A/B。

[P]—P1012A/B 出口放空阀脱净水。

[P]—启动 P1012A。

[P]—确认减二中循环流程畅通。

[P]—确认无泄漏。

[P]—投用 FV1243。

[I]—投 TIC1248/4 与 FIC1243 串级控制。

② 开减二线。

(M)—联系调度及罐区减压蜡油线准备外送。

[P]—确认减二线外送流程畅通。

[P]—打开减二线外送界区阀门。

[P]—确认外送畅通。

[P]—确认无泄漏。

[P]—缓慢打开 LV1242 外送。

[I]—确认减二线液位 LIC1242 至 50%，自动控制。

[I]—调节 E1025A-D 循环水控制冷后温度为 80℃。

[P]—备用泵预热。

(M)—联系化验室采样分析。

(M)—确认减二线质量合格。

(M)—联系调度、罐区转合格罐。

③ 建立减三中。

[P]—准备好 P1013A/B。

[P]—P1013A/B 出口放空阀脱净水。

[P]—启动 P1013A。

[P]—确认减三中循环流程畅通。

[P]—确认无泄漏。

[P]—投用 FV1244、减三热回流 FV1245。

[I]—投 TIC1248/5 与 FIC1244 串级控制。

④ 开减三线。

[P]—确认减三线外送流程畅通。

［P］—打开减三线外送减二线阀。

［P］—确认减三线外送畅通。

［P］—确认减三线无泄漏。

［P］—打开 LV1243 外送。

［P］—确认减三液位 LIC1243 至 50%。

［P］—投用减三液位 LIC1243 自动控制，SP 值为 50%。

［P］—调节 E1025 控制冷后温度为 80℃。

［P］—备用泵预热。

（M）—联系化验室采样分析。

（M）—确认减三线质量合格。

（M）—联系调度、罐区转合格罐。

⑤ 将减顶不凝汽引入减压炉 F1002。

［P］—引 V1002 瓦斯放空至低压管网。

［P］—关 V1003 至框架放空阀。

［P］—低压管网底部脱干净凝液。

［P］—点低压瓦斯混烧火嘴。

［P］—调整油火嘴，确保减压炉出口温度为 385℃。

⑥ 调整减压操作。

［I］—确认冷后温度不超过指标。

［P］—在升温过程中，高温泵无泄漏。

［P］—物料平衡，若塔底液面不稳，可适当提量。

［P］—按工艺卡片要求优化减压炉操作。

［I］—调整中段量，稳定减顶温度 TIC1248/1≯75℃。

［I］—稳定减顶真空度 PI1241/1＞98kPa。

［P］—调整空冷运行台数和温度。

［I］—确认大气腿温度≯36℃。

［P］—调整各侧线及渣油冷后温度符合要求。

［P］—确认减压系统换热器副线阀关。

［P］—根据生产方案，调节产品质量合格。

［I］—减压炉出口温度 TICA1232 为 390℃。

［I］—减顶温度 TIC1248/1≯75℃。

［I］—减顶真空度 PI1241/1≮98kPa。

［I］—减底液位 LICA1245/1 为 50%。

［I］—减顶回流建立正常，FIC1241 量为 30～40t/h。

［I］—减一中建立正常，FIC1242 量为 3～5t/h。

［I］—减二中建立正常，FIC1243 量为 170～240t/h。

［I］—减三中建立正常，FIC1244 量为 260～300t/h。

［I］—减三热回流建立正常，FIC1245 量为 40～80t/h。

［P］—1.0MPa 蒸汽引入正常。

［P］—减压各机泵运行正常。

[P]—减压各空冷器运行正常。

[P]—减压各备用泵预热。

(6) 确认：

(M)—减压炉升温至390℃。

切换原油、开侧线注意事项：①过热蒸汽引进塔时要缓慢放水，严防水击或汽提带水；②开侧线时，量不要过大，防止干塔盘时冲塔。

(M)—减压炉出口温度指示为390℃。

(M)—减压炉燃油火嘴运行正常。

(M)—减压抽真空系统运行正常。

(M)—真空度＞98kPa。

(M)—减一中、减二中、减三中、减三热回流启动，运行正常。

(M)—减一、减二、减三线及减顶油均启动，运行正常。

(M)—减压渣油系统运行正常。

(M)—减压系统仪表均投用，运行正常。

(M)—减压系统调整产品质量。

状态 S$_6$

减压系统运行正常，调整产品质量。

4.1.11　辅助系统投用

(1) 投用强制通风。

[P]—准备好鼓风机、引风机。

[P]—风道挡板全关，开鼓风机，关自然通风门，风道挡板开20%～30%。

[P]—确认氧含量。

[I]—关闭HV1192，开引风机，关烟道挡板PV1192，调整HV1192开度。

[P]—调整HV1192开度，确认炉膛负压。

[P]—调节三门一板，控制氧含量在2%～3%。

(2) 投用电脱盐系统。

(M)—联系调度和电工，准备给V1001A/B/C、P1016A/B、P1017A/B送电。

[P]—给V1001A/B/C、P1016A/B、P1017A/B送电。

[P]—确认电气设备运行正常。

[I]—注入破乳剂。

[I]—注水量为20t/h。

[I]—调节PdIC1132、PdIC1141、PdIC1151，控制混合器差压为55～75kPa。

[P]—检查放样管一、二根界位排凝口。

(M)—联系化验人员采样分析含盐量。

(3) 投用塔顶注中和缓蚀剂、注水。

(M)—联系供电撬块电动机送电。

[P]—启动各撬块泵A。

［P］—开塔壁注缓蚀剂、注水阀。

［P］—确认流程畅通。

［P］—控制注缓蚀剂、注水在指标范围内。

（M）—联系化验采样分析。

（4）投用蒸汽发生系统。

（M）—联系调度、催化和电工，准备给除氧水泵送电。

［P］—减压开侧线之前，V1007建立水位至50％，投用FV1112。

［P］—确认水位正常。

［I］—减二线开启后，投用TV1113。

［I］—除氧水水量为8t/h。

［P］—调节FIC1112、TIC1113，控制产汽量为7t/h。

［I］—检查放样管。

（M）—联系化验人员采样分析磷酸根、pH值。

（5）投用精制系统。

（M）—联系调度和电工，准备给 V1201、1202、P1201、P1202、P1203A/B、P1204A/B、P1205A/B送电。

［P］—给V1201、V1202送电。

［P］—确认电气设备运行正常。

［I］—注入脱酸剂、抗氧剂、降凝剂。

［I］—注量按照产品说明。

［P］—检查放样管一、二根界位排凝口。

［I］—投用界位LIC3291、LIC3292，自动控制，SP值为50％。

（M）—联系化验人员采样分析产品质量。

（6）投用汽油脱硫醇。

（M）—联系调度和电工，给 P1101A/B、P1102A/B、P1105A/B、P1106A/B、P1110A/B送电。

［P］—确认机泵运行正常。

［I］—调整碱液循环量至正常。

［I］—注风量 25.8Nm^3/h。

［P］—调节PICA2201，控制压力为150kPa。

［I］—引汽油进装置。

（M）—联系化验人员采样分析硫醇硫。

最终状态 S_F
开工结束，检查验收合格，交付使用。

状态 S_7
常、减压开工正常，辅助系统投用正常。

（7）确认：

（M）—加热炉由自然通风改强制通风，系统运行正常。

(M)—投用电脱盐系统、投用蒸气发生器、投用汽油脱硫醇、投用柴油精制运行正常。

(M)—初馏塔顶、常压塔顶投塔顶注缓蚀剂、注水，系统运行正常。

(M)—各侧线油表投用，运行正常。

最终稳定状态 F_S
运行参数正常、确认盲板状态、安全设施完好。

确认盲板：

(P)—确认下列盲板处于盲位：常压炉 F1001 至烘炉消音器 SIL1003A～D（2 个）；减压炉 F1002 至烧焦罐 V1017（6 个）；减压炉 F1002 至烘炉消音器 SIL1002A～G（2 个）。

确认各参数：

(P)—装置处理量为 375t/h。

(P)—常炉出口温度 TICA1193 为 365℃。

(P)—初顶温度 TICA1175 为 100℃。

(P)—初顶压力 PI1171≯150kPa。

(P)—常顶温度 TIC1201 为 110℃。

(P)—常顶压力 PI1201≯50kPa。

(P)—常底吹汽量 FIC1203 为 3.8t/h。

(P)—常压系统产品质量合格。

(P)—减炉出口温度 TICA1232 为 390℃。

(P)—减顶温度 TIC1248/1＜75℃。

(P)—减顶真空度 PI1241/1≮98kPa。

(P)—减压系统产品质量合格。

(P)—初底、减底、常底液位各为 50%。

(P)—装置机泵运转正常。

(P)—各备用泵预热备用正常。

(P)—装置公用工程系统运行正常。

(P)—燃料油系统正常，PIC1236 的 SP 值为 80%～100%。

确认安全设施：

<P>—各消防蒸汽备用。

<P>—消防器材完好备用。

<P>—可燃气体报警仪无报警。

<P>—安全阀投用、打铅封。

4.2 辅助说明

4.2.1 对开工人员的要求

(M)—指挥及时准确。

(M)—操作适度无误。

（M）—关键步骤专人把关。

（M）—改流程，三级检查（操作员、班组、车间）。

（M）—在整个开工过程中严格做到"十不"：不跑油、不冲塔、不着火、不超压、不窜油、不超温、不出次品、不抽空、不满塔、不爆炸。

4.2.2 蒸汽贯通吹扫试压应加压力表

蒸汽贯通吹扫试压应加压力表见表 4-1。

表 4-1 蒸汽贯通吹扫试压应加压力表

序号	数量	精度	安装地点	介质	操作温度/℃	操作压力/MPa
合计	305					
1	1	1.5	原料进装置	原油	60	2.0
2	1	1.5	E1007 出口	原油	122	1.6
3	1	1.5	E1010 出口	原油	124	1.55
4	1	1.5	E1017A/B 出口	脱后原油	224	0.41
5	1	1.5	E1021 出口	蜡油	220	1.4
6	1	1.5	一级电脱盐罐	原油	135	1.3
7	1	1.5	一级混合阀前	原油	135	1.4
8	1	1.5	一级混合阀前	原油	135	1.35
9	1	1.5	二级电脱盐罐	原油	135	1.2
10	1	1.5	二级混合阀前	原油	135	1.3
11	1	1.5	一级混合阀前	原油	135	1.25
12	1	1.5	初馏塔底	初底油	222	0.1
13	1	1.5	进初馏塔	原油	222	0.2
14	1	1.5	流量计前	燃料油	171	1.0
15	1	1.5	流量计后	燃料油	171	1.0
16	1	1.5	燃料油入炉	燃料油	171	0.7
17	16	1.5	燃烧器前	燃料油	171	0.7
18	1	1.5	流量计过滤器前	燃料油	170	1.0
19	1	1.5	流量计过滤器后	燃料油	170	1.0
20	1	1.5	燃料油入加热炉	燃料油	170	0.7
21	12	1.5	燃烧器前	燃料油	171	0.7
22	1	1.5	FI1003A/B 前	减三中	236	0.3
23	1	1.5	FI1003A/B 后	减三中	236	0.3
24	1	1.5	FI1003A/B 前	减三中	236	0.3
25	1	1.5	FI1003A/B 后	减三中	236	0.3

序号	数量	精度	安装地点	介质	操作温度/℃	操作压力/MPa
26	1	1.5	E1017A/B出口	初底油	310	1.8
27	1	1.5	E1018A/B出口	初底油	310	1.87
28	1	1.5	常压炉入口支路	初底油	310	1.4
29	1	1.5	常压炉入口支路	初底油	310	1.4
30	1	1.5	常压炉入口支路	初底油	310	1.4
31	1	1.5	常压炉入口支路	初底油	310	1.4
32	1	1.5	常压炉出口支路	初底油	365	0.5
33	1	1.5	常压炉出口支路	初底油	365	0.5
34	1	1.5	常压炉出口支路	初底油	365	0.5
35	1	1.5	常压炉出口支路	初底油	365	0.5
36	1	1.5	减压炉入口支路	常底油	349	1.4
37	1	1.5	减压炉入口支路	常底油	349	1.4
38	1	1.5	减压炉入口支路	常底油	349	1.4
39	1	1.5	减压炉入口支路	常底油	349	1.4
40	1	1.5	减压炉入口支路	常底油	349	1.4
41	1	1.5	减压炉入口支路	常底油	349	1.4
42	1	1.5	减压炉出口支路	常底油	390	0.5
43	1	1.5	减压炉出口支路	常底油	390	0.5
44	1	1.5	减压炉出口支路	常底油	390	0.5
45	1	1.5	减压炉出口支路	常底油	390	0.5
46	1	1.5	减压炉出口支路	常底油	390	0.5
47	1	1.5	减压炉出口支路	常底油	390	0.5
48	1	1.5	初馏塔顶	初顶油气	93	0.05
49	1	1.5	V1002	常顶油气	40	0.03
50	1	1.5	V1007	低压瓦斯	40	0.03
51	1	1.5	雾化蒸汽总管	蒸汽	250	0.9
52	1	1.5	FA1003A/B前压力	低压瓦斯	40	0.02
53	1	1.5	FA1003A/B后压力	低压瓦斯	40	0.02
54	1	1.5	FA1002A/B前压力	长明灯瓦斯	40	0.1
55	1	1.5	FA1002A/B后压力	长明灯瓦斯	40	0.1
56	1	1.5	FA1001A/B前压力	高压瓦斯	40	0.25
57	1	1.5	FA1001A/B后压力	高压瓦斯	40	0.25
58	16	1.5	燃烧器前	蒸汽	250	0.9

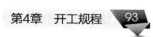

续表

序号	数量	精度	安装地点	介质	操作温度/℃	操作压力/MPa
59	16	1.5	燃烧器前	高压瓦斯	40	0.25
60	1	1.5	常压塔顶	常压塔顶油气	112	0.05
61	1	1.5	常压塔顶中部	中部油气	280	0.08
62	1	1.5	常压塔顶底部	底部油气	349	0.09
63	1	1.5	一线汽提塔顶	常一线油	180	0.06
64	1	1.5	二线汽提塔顶	常二线油	229	0.08
65	1	1.5	汽包	蒸汽	250	1.0
66	1	1.5	V1003A 顶	常顶油气	85	0.03
67	1	1.5	V1003B 顶	常顶油气	40	0.02
68	1	1.5	高压瓦斯罐	高压瓦斯	40	0.5
69	1	1.5	常顶瓦斯罐	瓦斯	40	0.01
70	1	1.5	FA1004A/B 前	高压瓦斯	40	0.25
71	1	1.5	FA1004A/B 后	高压瓦斯	40	0.25
72	1	1.5	FA1005A/B 前	长明灯瓦斯	40	0.1
73	1	1.5	FA1005A/B 后	长明灯瓦斯	40	0.1
74	1	1.5	雾化蒸汽	蒸汽	250	0.9
75	1	1.5	FA1006A/B 前	减顶瓦斯	40	0.01
76	1	1.5	FA1006A/B 后	减顶瓦斯	40	0.01
77	12	1.5	燃烧器前	高压瓦斯	40	0.25
78	12	1.5	燃烧器前	蒸汽	250	0.9
79	1	1.5	烧焦罐前	新鲜水	40	0.4
80	1	1.5	减压塔顶	减顶油气	75	0.002(A)
81	1	1.5	减一线抽出口	减顶油气	158	0.0023(A)
82	1	1.5	减二段	减二段油气	158	0.0024(A)
83	1	1.5	减二段	减二段油气	158	0.0024(A)
84	1	1.5	减三段	减三段油气	261	0.0028(A)
85	1	1.5	减三段	减三段油气	261	0.0028(A)
86	1	1.5	减三线抽出口	减三段油气	261	0.0028(A)
87	1	1.5	汽化段	油气	377	0.003(A)
88	1	1.5	FI1001A/B 前	减一中	50	0.3
89	1	1.5	FI1001A/B 后	减一中	50	0.3
90	1	1.5	FI1001A/B 前	减一中	50	0.3
91	1	1.5	FI1001A/B 后	减一中	50	0.3

续表

序号	数量	精度	安装地点	介质	操作温度/℃	操作压力/MPa
92	1	1.5	FI1002A/B 前	减一中	191	0.3
93	1	1.5	FI1002A/B 后	减一中	191	0.3
94	1	1.5	FI1002A/B 前	减一中	191	0.3
95	1	1.5	FI1002A/B 后	减一中	191	0.3
96	1	1.5	增压器前	减顶油气	75	0.002(A)
97	1	1.5	增压器后	减顶油气	165	0.011(A)
98	1	1.5	一级抽空器后	减顶油气	160	0.0034(A)
99	1	1.5	一级抽空器后	减顶油气	160	0.0034(A)
100	1	1.5	V1004 顶	减顶油气	40	0.01
101	1	1.5	抽空蒸汽过滤器前	蒸汽	250	0.9
102	1	1.5	抽空蒸汽过滤器后	蒸汽	250	0.9
103	1	1.5	减压增压器前	蒸汽	250	0.9
104	1	1.5	减压增压器前	蒸汽	250	0.9
105	1	1.5	减压一线抽空器前	蒸汽	250	0.9
106	1	1.5	减压一线抽空器前	蒸汽	250	0.9
107	1	1.5	净化水进装置	净化水	40	0.4
108	1	1.5	V1006	蒸汽	250	0.9
109	1	1.5	V1016A	蒸汽	250	0.9
110	1	1.5	V1016B	蒸汽	250	0.9
111	1	1.5	V1007	蒸汽	250	0.9
112	1	1.5	火炬分液罐	油气	40	0.04
113	1	1.5	地下污油罐	柴油	40	0.01
114	1	1.5	新鲜水进装置	新鲜水	30	0.4
115	1	1.5	循环水进装置	循环水	40	0.3
116	1	1.5	循环水进装置	循环水	30	0.4
117	1	1.5	除盐水进装置	除盐水	40	0.5
118	1	1.5	压力热水出装置	压力热水	102	0.4
119	1	1.5	压力热水进装置	压力热水	70	0.5
120	1	1.5	净化风罐	净化风	40	0.4
121	1	1.5	净化风进装置	净化风	40	0.4
122	1	1.5	净化风过滤器前	净化风	40	0.4
123	1	1.5	净化风过滤器前	净化风	40	0.4
124	1	1.5	净化风过滤器后	净化风	40	0.4

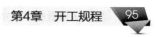

续表

序号	数量	精度	安装地点	介质	操作温度 /℃	操作压力 /MPa
125	1	1.5	净化风过滤器后	净化风	40	0.4
126	1	1.5	非净化风进装置	非净化风	40	0.4
127	1	1.5	非净化风罐	非净化风	40	0.4
128	1	1.5	氮气进装置	氮气	40	0.4
129	1	1.5	蒸汽进装置	蒸汽	250	0.9
130	1	1.5	蒸汽分水器	蒸汽	250	0.9
131	1	1.5	进常压炉	蒸汽	250	0.4
132	1	1.5	蒸汽分水器	蒸汽	250	0.9
133	1	1.5	封油支管出口	封油	100	0.5
134	1	1.5	封油支管出口	封油	100	0.5
135	1	1.5	封油支管出口	封油	100	0.5
136	1	1.5	封油支管出口	封油	100	0.5
137	1	1.5	封油支管出口	封油	100	0.5
138	1	1.5	封油支管出口	封油	100	0.5
139	1	1.5	封油支管出口	封油	100	0.5
140	1	1.5	封油过滤器出口	封油	100	0.7
141	1	1.5	封油过滤器出口	封油	100	0.7
142	1	1.5	封油过滤器入口	封油	100	0.7
143	1	1.5	封油过滤器入口	封油	100	0.7
144	1	1.5	P1002A 出口	初底油	202	2.24
145	1	1.5	P1002B 出口	初底油	202	2.24
146	1	1.5	P1032A 出口	初顶油	40	0.6
147	1	1.5	P1032B 出口	初顶油	40	0.6
148	1	1.5	P1033A 出口	初侧油	130	0.52
149	1	1.5	P1033B 出口	初侧油	40	0.52
150	1	1.5	P1004A 出口	常顶循油	123	0.83
151	1	1.5	P1004B 出口	常顶循油	123	0.83
152	1	1.5	P1005A 出口	常一中油	185	0.82
153	1	1.5	P1005B 出口	常一中油	185	0.82
154	1	1.5	P1008A 出口	常三线油	337	1.04
155	1	1.5	P1008B 出口	常三线油	337	1.04
156	1	1.5	P1007A 出口	常二线油	220	1.36
157	1	1.5	P1007B 出口	常二线油	220	1.36

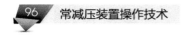

续表

序号	数量	精度	安装地点	介质	操作温度/℃	操作压力/MPa
158	1	1.5	P1006A 出口	常一线油	182	1.01
159	1	1.5	P1006B 出口	常一线油	182	1.01
160	1	1.5	P1003A 出口	常顶油	40	0.6
161	1	1.5	P1003B 出口	常顶油	40	0.6
162	1	1.5	P1018B 后	减二中线油	261	0.9
163	1	1.5	P1018A 后	减二中线油	261	0.9
164	1	1.5	P1015B 后	减一及减一中线油	138	1.14
165	1	1.5	P1015A 后	减一及减一中线油	138	1.14
166	1	1.5	P1016A 后	减二线油	261	1.43
167	1	1.5	P1016B 后	减二线油	261	1.43
168	1	1.5	P1014A 出口	减顶油	40	0.8
169	1	1.5	P1014B 出口	减顶油	40	0.8
170	1	1.5	污水泵出口	减顶水	40	0.9
171	1	1.5	P1023B 出口	一级注水	120	1.7
172	1	1.5	P1023A 出口	一级注水	120	1.7
173	1	1.5	P1024B 出口	二级注水	40	1.7
174	1	1.5	P1024A 出口	二级注水	40	1.7
175	1	1.5	P1032A 出口	破乳剂	40	1.9
176	1	1.5	P1032A 出口	破乳剂	40	1.9
177	1	1.5	P1032B 出口	破乳剂	40	1.9
178	1	1.5	P1032B 出口	破乳剂	40	1.9
179	1	1.5	P1018A 出口	塔顶注水	40	1.3
180	1	1.5	P1018B 出口	塔顶注水	40	1.3
181	1	1.5	P1030 出口	轻污油	40	0.5
182	1	1.5	P1029 出口	轻污油	40	0.5
183	1	1.5	封油泵 P1035A 出口	封油	100	0.7
184	1	2.5	辐射室出口	烟气	600～850	−40～−10Pa
185	1	2.5	辐射室出口	烟气	600～850	−40～−10Pa
186	1	2.5	辐射室中部	烟气	600～800	−100～−50Pa
187	1	2.5	辐射室中部	烟气	600～800	−100～−50Pa
188	1	2.5	辐射室中部	烟气	600～800	−100～−50Pa
189	1	2.5	辐射室中部	烟气	600～800	−100～−50Pa
190	1	2.5	辐射室底部	烟气	600～800	−150～−30Pa

续表

序号	数量	精度	安装地点	介质	操作温度/℃	操作压力/MPa
191	1	2.5	辐射室底部	烟气	600～800	−150～−30Pa
192	1	2.5	辐射室底部	烟气	600～800	−150～−30Pa
193	1	2.5	辐射室底部	烟气	600～800	−150～−30Pa
194	1	2.5	辐射室出口	烟气	600～800	−40～−10Pa
195	1	2.5	辐射室出口	烟气	600～850	−40～−10Pa
196	1	2.5	辐射室中部	烟气	600～800	−80～−40Pa
197	1	2.5	辐射室中部	烟气	600～800	−80～−40Pa
198	1	2.5	辐射室下部	烟气	600～800	−120～−20Pa
199	1	2.5	辐射室下部	烟气	600～800	−120～−20Pa
200	1	1.5	预热器出口	热空气	140～260	350～800Pa
201	1	1.5	鼓风机出口	空气	常温	650～2000Pa
202	1	1.5	鼓风机入口	空气	常温	−150～0Pa
203	1	1.5	预热器入口	烟气	350～400	−500～−150Pa
204	1	1.5	预热器出口	烟气	135～210	−1300～−600Pa
205	1	1.5	引风机出口	烟气	120～200	−200～300Pa
206	1	1.5	预热器出口	热空气	150～260	350～700Pa
207	1	1.5	鼓风机出口	空气	常温	650～2000Pa
208	1	1.5	鼓风机入口	空气	常温	−150～0Pa
209	1	1.5	预热器入口	烟气	350～400	−500～−150Pa
210	1	1.5	预热器出口	烟气	135～210	−1300～−600Pa
211	1	1.5	引风机出口	烟气	135～210	−200～250Pa
212	1	1.5	P1009A 出口	常底油	349	1.44
213	1	1.5	P1009B 出口	常底油	349	1.44
214	1	1.5	P1019B 后	减三中	316	0.98
215	1	1.5	P1019A 后	减三中	316	0.98
216	1	1.5	P1015A 后	减渣	356	1.71
217	1	1.5	P1015B 后	减渣	356	1.71
218	1	1.5	P1015A 后	过汽化油	356	1.71
219	1	1.5	P1015B 后	过汽化油	356	1.71
220	1	1.5	P1017A 后	减三线	316	1.38
221	1	1.5	P1017B 后	减三线	316	1.38

4.2.3　蒸汽贯通吹扫试压流程

吹扫试压流程见表 4-2。

表 4-2　吹扫试压流程

吹扫名称	吹扫流程	给汽点	看压点	整压时间/min	放空点	试压标准	试压注意事项
电脱盐前原油换热流程	用原油进泵线倒吹进原油罐 E1001A/B　E1002A/B　E1003A/B　E1004 E1005A/B　E1006A/B　E1007　E1008 原油罐　V1001A/B/C　蒸汽　P1001A/B/C	分别由P1001A/B/C出口前盲板后给汽	P1001A/B/C出口盲板后、E1004出口、E1008出口、V1001A/B/C	30	①V1001A/B/C ②各换热器低点放空 ③向原油罐吹进罐	试压1.0MPa以不漏扫净为合格	1. 进V1001A/B/C开阀要缓慢 2. 吹扫时,各冷换设备未吹扫一程要打开放空,防止憋压 3. 向原油罐吹扫时,要与原油储区泵密联系,罐适当管线放热后,进口管控制吹扫向蒸汽,吹扫完后关至罐区蒸汽阀
脱盐后原油换热流程	经V1001A/B/C安全阀HS01000 重污油线HS01000　退油线　罐区 E1009　E1010A/B　E1011A/B E1012　E1013　E1014A~D　E1015 T1001　V1001A/B/C　蒸汽	V1001A/B/C底部给汽	V1001A/B/C、E1011A/B出口、E1014A/B出口、T1001进口	30	①重污油线吹污油罐 ②各换热器低点放空 ③初馏塔底	试压1.0MPa以不漏扫净为合格	1. 吹扫重污线进污油罐后,关至罐区蒸汽阀 2. 吹扫时,各冷换设备未吹扫一程要打开放空,防止憋压 3. 流程付线与主线一起试压后分别吹扫 4. 在初馏堵里放油一定要慢,最好先由各换热器低点放空放压后,缓慢改进T1001

续表

吹扫名称	吹扫流程	给汽点	看压点	憋压时间/min	放空点	试压标准	试压注意事项
初馏塔及塔顶部流程	A1005A~F 至低压瓦斯管网 至DCC装置 V1026 石脑油成品 石脑油次品 石脑油油罐 次品罐 开工汽油出装置线P1210 不合格汽油进装置线 P1032A/B 常一中线 T1002 18 P1033A/B 反吹初顶回流线 初侧油线 蒸汽 T1001 1 蒸汽	初馏塔底、初侧油抽出线	初馏塔顶、V1026	30	①成品汽油和次品汽油分别吹扫至罐区相应油品罐 ②各换热器、容器底点放空 ③常压塔底	初馏塔、V1026试压0.2MPa，初侧油线试压1.0MPa	1. 初馏塔顶部安全阀下游手阀应关闭，给汽和放压均应缓慢进行，防止吹翻塔盘。2. 先吹扫初顶，再由罐区初顶回流线向初顶吹扫，最后，吹扫初侧油线，向T1002甩压时应缓慢进行，防止吹翻塔盘
初底油流程	T1002 50 F1001 E1018A~C E1017A~C E1018D~F E1016A/B E1017D~F E1019C/D 蒸汽 P1002A/B T1001 蒸汽	T1001底抽出线、常压炉4路吹汽	P1002A/B出口,E1017C/D出口中,E1018C/D出口、常压炉F1001进出口	30	常压塔底、各换热器底、点放空、机泵出口放空	试压1.0MPa以不漏扫净为合格	1. 流程付线与主线一起试压分别吹扫 2. 吹扫时，各冷换设备未吹扫一程要打开放空，防止憋压

续表

吹扫名称	吹扫流程	给汽点	看压点	憋压时间/min	放空点	试压标准	试压注意事项
常顶汽油流程		常压塔及塔底吹汽、提汽中、下段吹汽	V1002顶部	30	①成品汽油和饮品汽油分别吹扫至罐区相应油品罐 ②各换热器、容器低点放空	试压0.2MPa以不漏扫净为合格	1.主流程与付线一起扫 2.回流线过汽扫 3.每条独油流程分别单独试压,一起试压
常压顶循、一中流程		分别从顶循环出口线、常一中抽出线给蒸汽	分别在P1004A/B出口、P1005A/B出口	30	先由冷换设备低点放空,最后均向T1002进行泄压,由T1002顶部泄压、底部排水	试压1.0MPa以不漏扫净为合格	1.向T1002泄压一定要缓慢,防止吹翻塔盘 2.初侧油线已扫完不必开阀

续表

吹扫名称	吹扫流程	给汽点	看压点	稳压时间/min	放空点	试压标准	试压注意事项
常压侧线抽出至汽提塔流程	T1002 14 17 28 31 43 常一线抽出 蒸汽 常二线抽出 蒸汽 常三线抽出 蒸汽 1 6 1 4 T1003	分别从常一线抽出线、常二线抽出线、常三线抽出线给蒸汽	各段汽提塔顶部	30	先由各段汽提塔底部放空进行脱水，最后向T1002进行泄压，由T1002顶部泄压、底部排水	试压0.3MPa	1.常一、二、三线馏出阀全开 2.向T1002泄压一定要缓慢，防止吹翻塔盘
常一线	T1003上段 1 6 常一线 蒸汽 P1006A/B E1005A/B A1002 E1023A/B 不合格柴油线 次品 柴油精制装置 次品罐	T1003上段抽出线	P1006A/B出口	30	汽提塔上段底部，各冷换设备底点放空	试压1.0MPa 以不漏扫净为合格	先吹扫主流程，再吹主付流程向下游吹扫，最后扫次品线，扫后阀关闭完成后关阀

续表

吹扫名称	吹扫流程	给汽点	看压点	整压时间/min	放空点	试压标准	试压注意事项
常二线	T1003中段 蒸汽 常二线 E1015 E1007 E1002A/B A1003 冲洗油 柴油精制装置 V1009 P1007A/B	T1003中段抽出线	P1007A/B出口	30	汽提塔中段底部、各冷换设备低点放空	试压1.0MPa以不漏扫净为合格	1.主流程与付线一起扫 2.最后扫完后品阀关闭
常三线	E1012 蜡油集合管P1156 蒸汽 常三线 P1008A/B T1002	T1002下段抽出线	P1008A/B出口	30	汽提塔下段底部、各冷换设备低点放空	试压1.0MPa以不漏扫净为合格	1.主流程与付线一起扫 2.最后扫完后品阀关闭
常压渣油	T1004 F1002 蒸汽 T1002 蒸汽 P1009A/B 减压渣油	T1002底抽出线、减压炉进口6路吹汽	P1009A/B出口、F1002进出口、T1004器壁处	30	工艺管线设备低点放空减压塔顶部、底部放空,P1009A/B出口放空	试压1.0MPa以不漏扫净为合格	1.先在F1002八路出口加盲板,对F1002前进行吹扫试压,在控制阀处放空 2.拆盲板,向减压塔吹扫,塔底放空

续表

吹扫名称	吹扫流程	给汽点	看压点	整压时间/min	放空点	试压标准	试压注意事项
减压塔顶及挥发系统		T1004底吹汽,各侧线吹气	EJ1001出口、EJ1002A/B出口,V1003顶,P1014A~C出口	30	V1004顶部、底部放空,P1010、P1019进出口放空	减压塔至V1003试压至0.1MPa;V1003后管线试1.0MPa,以不漏扫净为合格	1. 抽真空系统试压0.1MPa不得超越 2. 抽空器前应加过滤网防止喷头堵 3. 减顶瓦斯线最后吹扫并试压
减一线及一中流程		减一线抽出给汽	P1005A/B进出口,FI1001,FI1002A/B	30	各冷换设备低点放空,P1005A/B进出口,T1004顶部、底部放空	试压1.0MPa以不漏扫净为合格	各出装置管线吹扫时,与相应装置衔接好,集中给汽单线吹扫

续表

吹扫名称	吹扫流程	给汽点	看压点	整压时间/min	放空点	试压标准	试压注意事项
减三线		减三线抽出给汽	P1012A/B 进出口,V1008 顶部	30	各冷换设备低点放空,P1012 A/B进出口,T1004顶部、底部放空,V1008顶部、底部放空	试压1.0MPa扫净为以不漏合格	向装置外吹扫参考"减一线及中吹扫流程"和"减三线吹扫流程"部分
减三线及过汽化油流程		减三线抽出、过汽化油抽出、塔底汽提蒸汽	P1013A/B、P1014A/B 进出口	30	各冷换设备低点放空、机泵进出口放空、T1004顶部、底部放空	试压1.0MPa扫净为以不漏合格	1.主流程与付线一起扫 2.并入其它管线的流程,要求一起给汽向装置外吹扫

续表

吹扫名称	吹扫流程	给汽点	看压点	整压时间/min	放空点	试压标准	试压注意事项
减压渣油流程	T1004、E1018A~F、E1010A/B、E1016A~D、P1015A/B、蒸汽、E1026A/B、开工循环线、管P1001、渣油罐、焦化装置、燃料油FO1004	减压塔底渣油抽出线	P1015A/B出口	30	各冷换设备低点放空、机泵出口放空、T1004顶部、底部放空	试压1.0MPa 以不漏扫净为合格	吹扫流程同燃料渣油,开工循环油料等分别吹扫
燃料油线	F1001、F1002、蒸汽、燃料油自P1001、P1186来、燃料油返回P1186、P1035	FO1001扫线	进各炉调节阀处	30	各火嘴前放空、调节阀放空	试压1.0MPa 以不漏扫净为合格	吹扫燃料油管线
高压瓦斯线	F1001、F1002、FA1001A/B、FA1002A/B、FA1004A/B、FA1005A/B、V1006、蒸汽、高压瓦斯进装置	高压瓦斯进装置盲板处	各阻火器前后	30	各火嘴前放空、调节阀放空	试压0.7MPa 以不漏扫净为合格	

续表

吹扫名称	吹扫流程	给汽点	看压点	稳压时间/min	放空点	试压标准	试压注意事项
低压瓦斯线	自减顶瓦斯线来蒸汽 F1001 F1002 FA1003A/B FA1006A/B 自V1002来 蒸汽 V1007	各塔顶吹扫蒸汽至瓦斯分液罐	各阻火器前后	30	各火嘴前放空	试压0.3MPa以不漏扫净为合格	在吹扫常顶、减顶扫线给汽吹扫至两低压瓦斯罐后,再一直吹扫至各火嘴
重污油管线	过滤器吹扫蒸汽 常顶、减顶、燃料气、放空油气 重污油线 HSO1000 低压瓦斯至火炬 重污油出装置 V1014 P1026 自各放空油气 自各换热器入口给汽 E1001A/B、E1002A/B、E1003A/B、E1004、E1005A/B、E1006A/B、E1007、E1008、E1009、E1010A/B、E1011A/B、E1012、E1013、E1014A~D、E1015、E1016A~D、E1017A~F、E1018A~F、E1019A/B、E1020A/B、E1021、E1022A/B、E1023A/B、E1024A/B、E1025A~D、E1026A~D、E1027、E1028A/B、E1029、E1030、E1031	分别自各换热器入口、各泵进口、过滤器给汽	各设备出口	30	吹扫至重污油罐区	试压1.0MPa以不漏扫净为合格	在吹扫各设备所在流程时,逐一顺流程对这些设备进行给汽吹扫
轻污油管线	轻污油线 LSO1000 不合格汽油自脱硫醇系统来 V1015 自各换热器入口给汽 E1001A/B、E1002A/B、E1003A/B、E1005A/B、E1006A/B、E1007、E1008、E1023A/B 自各泵进口给汽	分别自各换热器入口、各泵进口给汽	各设备出口	30	吹扫至污油罐区	试压1.0MPa以不漏扫净为合格	在吹扫各设备所在流程时,逐一顺流程对这些设备进行给汽吹扫

第 5 章

停工规程

初始状态 S_0

装置运行平稳，公用工程正常，产品质量合格。

确认：

① 装置运行指标：

(P)—装置处理量为 375t/h。

(P)—常炉出口温度 TRC1193 为 365℃。

(P)—常压系统产品质量合格。

(P)—减炉进料量 FIC1231/1～6 为 38t/h。

(P)—减炉出口温度 TICA1232 为 390℃。

(P)—减顶真空度≮99kPa。

(P)—减压系统产品质量合格。

(P)—初底、减底、常底液位各为 50％。

(P)—装置机泵运转正常。

(P)—各备用泵预热备用正常。

(P)—装置公用工程系统运行正常。

(P)—1.0MPa 蒸汽压力≮0.8MPa。

(P)—装置内所有阀门丝杆已浇润滑油。

② 下列盲板处于盲位：

(P)—F1002 一路至烧焦罐。

(P)—F1002 二路至烧焦罐。

(P)—F1002 三路至烧焦罐。

(P)—F1002 四路至烧焦罐。

(P)—F1002 六路至烧焦罐。

(P)—开工柴油进装置。

(P)—见盲板表。

③ 安全设施：

<P>—各消防蒸汽备用。

<P>—消防器材完好备用。

<P>—可燃气体报警仪无报警。

<P>—安全阀投用、打铅封。

5.1 停工要求

5.1.1 做到"十个不"

(M)—降量不出次品。

(M)—不超温。

(M)—不超压。

(M)—不水击损坏设备。

(M)—不冒罐。

(M)—不窜油。

(M)—不跑油。

(M)—不着火。

(M)—设备管线不存油、不存水。

(M)—不拖延时间，准点停工。

5.1.2 做到"三满意"

(M)—领导满意。

(M)—检修人员满意。

(M)—操作人员满意。

5.2 停工准备工作

5.2.1 物品准备

(M)—确认准备足黄土、沙袋、铁圈。

(M)—确认准备足吹扫胶带、铁丝。

(M)—确认准备好阀门扳手。

(M)—确认准备好空大桶。

(M)—确认装置照明完好。

(M)—确认下水系统畅通。

5.2.2 制订停工方案，联系各运行部做好油品后路准备

(M)—制订停工计划（统筹）、方案。

(M)—根据公司安排的停工检修日期，生产运行部做好停工动员，讨论和拟订停工方案。

(M)—明确设备管线吹扫的具体要求。

[P]—根据方案报公司审批做好检修计划。

[P]—对检修设备进行现场标记，对管道密封泄漏做好挂牌记录。

(M)—按调度确定的时间，分别联系、电气、油品等单位做好停工各项准备工作。

[M]—联系调度做好停工时油罐安排（包括污油罐）及停工蒸汽扫线安排。

[P]—做好停工扫线的准备工作。

[P]—扫线、放空处的盲板应全部拆除。

[P]—检查污油线、循环线是否畅通。

[P]—做好停工后加盲板的准备工作及记录。

5.2.3　对外工作

(M)—联系调度做好停工时油罐安排。

(M)—联系调度及罐区确认污油线、循环线畅通。

(M)—联系调度做好停工吹扫蒸汽供给。

(M)—通知仪表及计量部门，现场配合停用计量仪表。

5.2.4　拆盲板

(M)—联系保运单位拆除盲板。

[P]—按盲板表拆除。

[P]—配合保运单位拆除上述盲板。

[P]—确认各拆盲板处恢复连接，阀门关闭。

5.2.5　引吹扫蒸汽

[P]—引下列各吹扫蒸汽，各用汽点末端稍排汽待用。

[P]—构1区各吹扫蒸汽。

[P]—构2区各吹扫蒸汽。

[P]—架1～24各吹扫蒸汽。

[P]—汽提塔各吹扫蒸汽。

[P]—T1001、T1002、T1004各吹扫蒸汽。

[P]—电脱盐区各吹扫蒸汽。

[P]—炉区各吹扫蒸汽。

5.2.6　停辅助系统

(1) 停"三注"系统。

a.常压塔顶注水。

[P]—关闭T1001/2注水塔壁阀。

[P]—停P1018。

[P]—确认注水停。

[P]—放净存水。

b.停注破乳剂。

[P]—停配破乳剂。

[P]—确认 V1021A/B 内破乳剂已用完。

[P]—V1021A/B 收水洗罐。

[P]—确认 V1021A/B 冲洗干净。

[P]—确认破乳剂管线冲洗干净。

[P]—关闭注入点阀。

[P]—停泵。

[P]—放净 V1021A/B 及管线中存水。

（2）切除 V1001，退油洗罐。

[P]—打开 V1001 副线阀。

[P]—关闭 V1001 入口阀。

[P]—关注水注入点阀。

[P]—确认注水停。

(M)—联系电工 V1001 断电。

(M)—确认 V1001 已断电。

[P]—V1001 切出系统。

[P]—V1001 温度不大于 70℃，压力小于 0.1MPa。

[P]—往 V1001 罐内打水。

[P]—待油温降至 50℃时，开 V1001 罐顶放空阀。

[P]—改通 V1001 退油流程，V1001 罐底将水脱净。

[P]—V1001 给水至第 4 根观察口，入口通蒸汽煮罐。

（3）停其他项目。

[P]—加热炉停空气预热系统。

[P]—加热炉改自然通风。

状态 S₁
停工前各项准备工作结束。

（4）确认。

(M)—停工用料准备齐全。

(M)—各盲板拆除。

(M)—吹扫蒸汽备用。

(M)—开工循环线蒸汽贯通完毕。

(M)—污油线蒸汽贯通完毕。

(M)—三注停，系统管线、设备冲洗干净。

(M)—V1001 甩掉退油洗罐。

(M)—确认装置生产正常，质量合格。

5.3 降量

5.3.1 常压系统降量

[P]—调节原油量以 30t/h 的速度降量。

[P]—调节 F1001 燃烧状况。

[P]—灭燃料油火嘴。

[P]—扫净燃料油火嘴。

[P]—燃料油改循环。

[P]—控制 TICA1193 为 358℃。

[P]—调节三门一板。

[P]—控制负压正常。

[P]—控制氧含量正常。

[P]—确认各产品外送温度在指标之内。

[P]—控制 T1001、T1002、T1004 液位平稳。

[P]—关小 T1002 底吹汽阀。

[P]—调节空冷控制 T1001、T1002 顶压。

[P]—控制产品质量合格。

5.3.2 减压系统降量

[P]—调节 FICA1231/1～6 降量。

[P]—调节 F1002 燃烧状况。

[P]—灭燃料油火嘴。

[P]—扫净燃料油火嘴。

[P]—燃料油改循环。

[P]—控制 TICA1232 为 380℃。

[P]—调节三门一板。

[P]—控制常氧含量、负压正常。

[P]—控制 T1004、T1001、T1002 液位平稳。

[P]—确认各产品外送温度在指标之内。

[P]—控制减一、减二、减三线集油箱液位平稳。

[P]—控制产品质量合格。

5.4 降温停常压系统

5.4.1 降温（见管式加热炉规程）

[P]—控制 FICA1191A～D 以 30℃/h 的速度降温。

[P]—对称灭 F1001 火嘴。

[P]—配合内操，控制降温速度。

（1）F1001 出口由 358℃降至 250℃期间的工作。

a.产品转不合格罐。

[P]—控制 T1001、T1002 液位平稳。

[P]—视初顶、常顶压力，通知外操停空冷器。

[P]—根据内操指令停空冷器。

[P]—控制各侧线冷后温度在指标之内。

[P]—根据内操指令关小水冷器出、入口阀门。

[P]—根据内操指令调整各泵出口阀开度。

(M)—确认 F1001 出口温度已降至 350℃。

(M)—联系化验室采常顶、常一线、常二线、常三线样分析。

(M)—联系调度、罐区产品准备转不合格罐。

(M)—确认各产品去不合格罐流程改通。

(M)—确认各产品质量不合格。

[P]—改线。

[P]—关闭 T1002、T1003 吹汽阀。

[P]—控制 V1002、V1003 液位。

b. 停常顶循。

[P]—确认 P1004 抽空。

[P]—关闭常顶循塔壁阀。

[P]—停 P1004。

c. 停常一中。

[P]—确认 P1005 抽空。

[P]—停 P1005。

[P]—关闭常一中抽出阀。

d. 停常一线。

[P]—多次开停 P1006 送常一线油。

[I]—确认常一线无液位。

[P]—确认 P1006 抽空。

[P]—停 P1006。

[P]—关闭 T1003 底抽出阀。

[P]—关闭常一线出系统阀。

e. 停常二线。

[P]—多次开停 P1007 送常二线油。

[I]—确认常二线液位。

[P]—停空冷器。

[P]—确认 P1007 抽空。

[P]—停 P1007。

[P]—停空冷器。

[P]—关闭 T1003 底抽出阀。

[P]—关闭常二线出装置阀。

f. 停常三线。

[P]—多次开停 P1008 送常三线油。

(I)—确认常三线无液位。

[P]—确认 P1008 抽空。

[P]—停 P1008。

[P]—关闭 T1002 底抽出阀。

g. 停常顶回流、停常顶汽油。

[P]—确认 T1002 顶温度小于 80℃。

[P]—多次开停 P1003 送 V1002 油。

[I]—确认 V1002 无液位。

[P]—确认 P1003 抽空。

[P]—停 P1003。

h. 停初顶、常顶汽油。

[P]—多次开停 P1003、P1010 送 V1002、V1003 油。

[I]—确认 V1002、V1003 无液位。

[P]—确认 P1003、P1010 抽空。

[P]—停 P1003、P1010。

（2）降温至 250℃时的工作。

a. F1001 改自然通风。

[P]—确认 TICA1193 至 250℃。

[P]—F1001 两侧各保留 1 个瓦斯火嘴。

[P]—停鼓风机、引风机。

[I]—打开 F1001 底部自然通风门。

[I]—调整烟筒挡板开度。

[P]—确认炉膛负压、氧含量正常。

[P]—确认 F1001 两侧瓦斯火嘴燃烧正常。

b. 系统转闭路，恒温循环。

（M）—联系调度及罐区转闭路循环。

（M）—确认可以转闭路循环。

[P]—确认初底液位 LICA1171 为 60%。

[P]—确认常底液位 LICA1201/1 为 60%。

（M）—确认可以切断进料。

[P]—确认罐区停 P1001。

[P]—开循环阀。

[P]—关渣油出装置阀。

[P]—改闭路循环。

（3）循环降温至 150℃期间的工作。

[P]—确认 F1001 出口温度为 150℃。

[P]—F1001 熄火。

[P]—两侧四个火嘴向炉膛吹少量蒸汽。

[P]—烟道挡板打开 20%。

[P]—各容器油抽光，水放净，准备扫线。

5.4.2　减压炉降温、停减压侧线

（1）减压炉降温。

a. 降温。

[P]—控制 TICA1232 以 30℃/h 的速度降温。

[P]—灭燃油火嘴，间隔灭 F1002 瓦斯火嘴。

[P]—均衡炉膛、分支出口温度。

[P]—F1002 保留 1 个瓦斯火嘴。

b. F1002 改自然通风。

[P]—确认 TICA1232 至 350℃。

[I]—打开 F1002 自然通风门。

[P]—停鼓风机、引风机。

(P)—确认 F1002 瓦斯火嘴燃烧正常。

[P]—停 T1004 吹汽，V1003 保持水封。

（2）停减压系统。

a. 停减一中。

[P]—确认 P1011 抽空。

[P]—关闭减一中抽出阀。

[P]—停 P1011。

b. 停减二线。

[P]—确认 LICA1242 无液位。

[P]—确认 P1012 抽空。

[P]—停 P1012。

[P]—关闭 E1025（减压蜡油冷却器）管程循环水进出口阀门。

[P]—打开 E1025 管程循环水进出口放空阀。

[P]—关闭减二线减压塔馏出阀。

c. 停减三线。

[P]—确认 LICA1243 无液位。

[P]—确认 P1013 抽空。

[P]—停 P1013。

[P]—关闭减三线减压塔馏出阀。

d. 停减二中。

[P]—确认 P1012 抽空。

[P]—关闭减二中抽出阀。

[P]—停 P1012。

（3）停一级、二级抽真空器。

a. 停真空泵。

[P]—确认减压炉出口温度为 300℃。

[P]—逐渐关小一级 1.0MPa 抽真空蒸汽阀门。

[P]—真空度缓慢降到 47Pa 以下。

[P]—继续逐渐关小一级 1.0MPa 抽真空蒸汽阀门，直到关闭。

[P]—逐渐关小二级 1.0MPa 抽真空蒸汽阀门，直到关闭。

b. 停送减顶油。

[P]—多次开停 P1010，送 V1003 油。

[P]—确认 V1003 油送净。

[P]—确认 P1010 抽空。

[P]—停 P1010。

状态 S_2
降量、降温结束，切断进料，装置循环。

（4）确认。降量、降温结束，切断进料，装置循环前状态如下：

(M)—原油进装置阀门关闭。

(P)—各塔、罐无液位。

(P)—T1001、T1002 顶正压。

(P)—T1004 真空度消除。

(M)—改好大循环流程。

5.5 退油吹扫

5.5.1 退油吹扫流程准备

[P]—关闭各油表上、下游阀。

[P]—打开各调节阀上、下游阀。

[P]—打开各油表、调节阀副线阀。

[P]—关闭各机泵出、入口阀。

[P]—打开各机泵副线阀。

[P]—开各换热器副线阀 3～4 扣。

[P]—确认各调节阀 OP 值为 100%。

5.5.2 倒油系统退油吹扫

（1）P1001 至 T1001 退油吹扫。

[P]—改好退油吹扫流程。

[P]—确认 V1001 出、入口阀关闭，副线阀开。

[P]—打开 P1001 吹扫蒸汽阀，走副线。

[P]—吹扫脱前两路原油。

[P]—确认脱前原油管线处温度升至蒸汽温度。

[P]—打开 P1001 出、入口阀及预热线阀。

[P]—确认泵缓慢过汽。

[P]—打开 P1001 出口放空阀。

[P]—确认 P1001 出口放空阀排汽干净。

[P]—关闭 P1001 出、入口阀及预热线阀。

[P]—打开脱后二路吹扫蒸汽阀。

[P]—确认 T1001 液位高。

［P］—开 P1002 向 T1002 倒油。

［P］—吹扫一路脱后原油换热器。

［P］—吹扫二路脱后原油换热器。

［P］—开关各路换热器出、入口阀副线阀。

［P］—反复憋压吹扫。

［P］—确认各换热器及流程吹扫干净。

［P］—关吹扫蒸汽。

［P］—各低点放空泄压。

（2）T1001 至 T1002 退油吹扫。

［P］—改好退油吹扫流程。

［P］—打开 T1001 吹扫蒸汽阀，泵走副线。

［P］—确认 P1002 管线处温度升至蒸汽温度。

［P］—打开 P1002 出、入口阀及预热线阀。

［P］—确认泵缓慢过汽。

［P］—打开 P1002 出口放空阀。

［P］—确认 P1002 出口放空阀排汽干净。

［P］—关闭 P1002 出、入口阀及预热线阀。

［P］—打开初底油两路及 F1001 四路吹扫蒸汽阀。

［I］—确认 T1002 液位高。

［P］—开 P1009 向 T1004 倒油。

［P］—确认 T1002 无液位。

［P］—关 T1002 底抽出阀。

［P］—吹扫初底油一路换热器。

［P］—吹扫拔头油二路换热器。

［P］—吹扫 F1001 一路。

［P］—吹扫 F1001 二路。

［P］—吹扫 F1001 三路。

［P］—吹扫 F1001 四路。

［P］—开关各路换热器出、入口阀副线阀。

［P］—反复憋压吹扫。

［P］—确认各换热器及流程吹扫干净。

［P］—关吹扫蒸汽。

［P］—各低点放空泄压。

［P］—T1002 底排污放空。

（3）T1002 至 T1004 退油吹扫。

［P］—改好退油吹扫流程。

［P］—打开 T1002 吹扫蒸汽阀，泵走副线。

［P］—确认 P1009（常底泵）管线处温度升至蒸汽温度。

［P］—打开 P1009 出、入口阀及预热线阀。

［P］—确认泵缓慢过汽。

[P]—打开 P1009 出口放空阀。

[P]—确认 P1009 出口放空阀排汽干净。

[P]—关闭 P1009 出、入口阀及预热线阀。

[P]—打开 F1002 六路吹扫蒸汽阀。

[P]—确认 T1004 液位高。

[P]—开 P1015 倒油。

[P]—确认 T1004 无液位。

[P]—关 T1004 底抽出阀。

[P]—吹扫 F1002 一路。

[P]—吹扫 F1002 二路。

[P]—吹扫 F1002 三路。

[P]—吹扫 F1002 四路。

[P]—吹扫 F1002 五路。

[P]—吹扫 F1002 六路。

[P]—开关六路控制阀副线阀。

[P]—反复憋压吹扫。

[P]—确认流程吹扫干净。

[P]—关吹扫蒸汽。

[P]—各低点放空泄压。

[P]—T1004 底排污放空。

（4）渣油退油吹扫。

[P]—改好渣油吹扫流程（辅助说明）。

[P]—打开 T1004 抽出口吹扫蒸汽阀，泵走副线。

[P]—确认 P1015 管线处温度升至蒸汽温度。

[P]—打开 P1015 出、入口阀及预热线阀。

[P]—确认泵缓慢过汽。

[P]—打开 P1015 出口放空阀。

[P]—确认 P1015 出口放空阀排汽干净。

[P]—关闭 P1015 出、入口阀及预热线阀。

[P]—打开换热器吹扫蒸汽阀。

[P]—吹扫渣油各换热器。

[P]—开关各路换热器出、入口阀副线阀。

[P]—反复憋压吹扫。

[P]—确认流程吹扫干净。

[P]—关吹扫蒸汽。

[P]—关出装置阀。

[P]—各低点放空泄压。

5.5.3 常压系统退油吹扫

（1）常三线退油吹扫。

［P］—改好常三线吹扫流程。

［P］—打开 T1002 吹扫蒸汽阀。

［P］—确认 P1008 管线处温度升至蒸汽温度。

［P］—打开 P1008 出、入口阀及预热线阀。

［P］—确认泵缓慢过汽。

［P］—打开 P1008 出口放空阀。

［P］—确认 P1008 出口放空阀排汽干净。

［P］—关闭 P1008 出、入口阀及预热线阀。

［P］—吹扫常三换热器。

［P］—开关各路换热器出、入口阀副线阀。

［P］—反复憋压吹扫。

［P］—跳过吹扫控制阀和油表。

［P］—确认流程吹扫干净。

［P］—关吹扫蒸汽。

［P］—关出系统阀。

［P］—各低点放空泄压。

（2）常二线退油吹扫。

［P］—改好常二线吹扫流程。

［P］—打开 T1002 吹扫蒸汽阀。

［P］—吹扫 T1002 至 T1003 馏出线。

［P］—吹扫 LRC1212 控制阀。

［P］—打开 T1003 吹扫蒸汽阀，泵走副线。

［P］—确认 P1007 管线处温度升至蒸汽温度。

［P］—打开 P1007 出、入口阀及预热线阀。

［P］—确认泵缓慢过汽。

［P］—打开 P1007 出口放空阀。

［P］—确认 P1007 出口放空阀排汽干净。

［P］—关闭 P1007 出、入口阀及预热线阀。

［P］—吹扫各换热器、空冷器。

［P］—开关各路换热器出、入口阀副线阀。

［P］—反复憋压吹扫。

［P］—跳过吹扫控制阀和油表。

［P］—确认流程吹扫干净。

［P］—关吹扫蒸汽。

［P］—关出装置阀。

［P］—各低点放空泄压。

（3）常一退油吹扫。

［P］—改好常一吹扫流程。

［P］—打开 T1002 吹扫蒸汽阀。

［P］—扫 T1002 至 T1003 馏出线。

［P］—扫 LRC1201 控制阀。

［P］—打开 T1003 吹扫蒸汽阀，泵走副线。

［P］—确认 P1006 管线处温度升至蒸汽温度。

［P］—打开 P1006 出、入口阀及预热线阀。

［P］—确认泵缓慢过汽。

［P］—打开 P1006 出口放空阀。

［P］—确认 P1006 出口放空阀排汽干净。

［P］—关闭 P1006 出、入口阀及预热线阀。

［P］—吹扫各换热器、冷却器。

［P］—开关各路换热器出、入口阀副线阀。

［P］—反复憋压吹扫。

［P］—过控制阀和油表。

［P］—确认流程吹扫干净。

［P］—关吹扫蒸汽。

［P］—关出装置阀。

［P］—各低点放空泄压。

（4）常一中及初侧油退油吹扫。

［P］—改好常一中及初侧油吹扫流程。

［P］—打开 T1001、T1002 相关吹扫蒸汽阀，泵走副线。

［P］—确认 P1005、P1033 管线处温度升至蒸汽温度。

［P］—打开 P1005、P1033 出、入口阀及预热线阀。

［P］—确认泵缓慢过汽。

［P］—打开 P1033、P1005 出口放空阀。

（5）常一中退油吹扫。

［P］—改好常一中吹扫流程。

［P］—打开 T1002 吹扫蒸汽阀，泵走副线。

［P］—确认 P1005 管线处温度升至蒸汽温度。

［P］—打开 P1005 出、入口阀及预热线阀。

［P］—确认泵缓慢过汽。

［P］—打开 P1005 出口放空阀。

［P］—确认 P1005 出口放空阀排汽干净。

［P］—关闭 P1005 出、入口阀及预热线阀。

［P］—吹扫换热器。

［P］—开关各路换热器出、入口阀副线阀。

［P］—反复憋压吹扫。

［P］—过控制阀。

［P］—确认流程吹扫干净。

［P］—关吹扫蒸汽。

［P］—关控制阀。

［P］—各低点放空泄压。

（6）常顶循退油吹扫。

[P]—改好顶循吹扫流程。

[P]—打开 T1002 吹扫蒸汽阀，泵走副线。

[P]—确认 P1004 管线处温度升至蒸汽温度。

[P]—打开 P1004 出、入口阀及预热线阀。

[P]—确认泵缓慢过汽。

[P]—打开 P1004 出口放空阀。

[P]—确认 P1004 出口放空阀排汽干净。

[P]—关闭 P1004 出、入口阀及预热线阀。

[P]—吹扫换热器。

[P]—开关换热器出、入口阀副线阀。

[P]—反复憋压吹扫。

[P]—过控制阀。

[P]—确认流程吹扫干净。

[P]—关吹扫蒸汽。

[P]—关控制阀。

[P]—各低点放空泄压。

5.5.4 减压系统退油吹扫

（1）过汽化油退油吹扫。

[P]—改好过汽化油吹扫流程。

[P]—打开 T1004 吹扫蒸汽阀，泵走副线。

[P]—确认 P1014 管线处温度升至蒸汽温度。

[P]—打开 P1014 出、入口阀及预热线阀。

[P]—确认泵缓慢过汽。

[P]—打开 P1014 出口放空阀。

[P]—确认 P1014 出口放空阀排汽干净。

[P]—关闭 P1020 出、入口阀及预热线阀。

[P]—吹扫净洗。

[P]—反复憋压吹扫。

[P]—过控制阀和油表。

[P]—确认流程吹扫干净。

[P]—关吹扫蒸汽。

[P]—关至常底阀。

[P]—各低点放空泄压。

（2）减三及减三中退油吹扫。

[P]—改好减三吹扫流程。

[P]—打开 T1004 吹扫蒸汽阀，泵走副线。

[P]—确认 P1013 管线处温度升至蒸汽温度。

[P]—打开 P1013 出、入口阀及预热线阀。

［P］—确认泵缓慢过汽。

［P］—打开 P1013 出口放空阀。

［P］—确认 P1013 出口放空阀排汽干净。

［P］—关闭 P1013 出、入口阀及预热线阀。

［P］—吹扫各换热器。

［P］—开关换热器出、入口阀副线阀。

［P］—反复憋压吹扫。

［P］—过控制阀和油表。

［P］—确认流程吹扫干净。

［P］—关吹扫蒸汽。

［P］—关出装置阀。

［P］—各低点放空泄压。

（3）减二及减二中退油吹扫带封油。

［P］—改好减二吹扫流程。

［P］—打开 T1004 吹扫蒸汽阀，泵走副线。

［P］—确认 P1012 管线处温度升至蒸汽温度。

［P］—打开 P1012 出、入口阀及预热线阀。

［P］—确认泵缓慢过汽。

［P］—打开 P1012 出口放空阀。

［P］—确认 P1012 出口放空阀排汽干净。

［P］—关闭 P1012 出、入口阀及预热线阀。

［P］—吹扫各换热器。

［P］—开关换热器出、入口阀副线阀。

［P］—反复憋压吹扫。

［P］—过控制阀和油表、吹扫封油用油点。

［P］—确认流程吹扫干净。

［P］—关吹扫蒸汽。

［P］—关出装置阀。

［P］—各低点放空泄压。

（4）减一及一中退油吹扫。

［P］—改好减一及一中吹扫流程。

［P］—打开 T1004 吹扫蒸汽阀，泵走副线。

［P］—确认 P1011 管线处温度升至蒸汽温度。

［P］—打开 P1011 出、入口阀及预热线阀。

［P］—确认泵缓慢过汽。

［P］—打开 P1011 出口放空阀。

［P］—确认 P1011 出口放空阀排汽干净。

［P］—关闭 P1011 出、入口阀及预热线阀。

［P］—吹扫各换热器、空冷器、冷却器。

［P］—开关换热器出、入口阀副线阀。

[P]—反复憋压吹扫。

[P]—过控制阀和油表。

[P]—吹扫回流。

[P]—确认流程吹扫干净。

[P]—关吹扫蒸汽。

[P]—关出装置阀。

[P]—各低点放空泄压。

（5）减顶油吹扫。

[P]—改好减顶油吹扫流程。

[P]—打开 V1003 吹扫蒸汽阀，泵走副线。

[P]—确认 P1010 管线处温度升至蒸汽温度。

[P]—打开 P1010 出、入口阀及预热线阀。

[P]—确认泵缓慢过汽。

[P]—打开 P1010 出口放空阀。

[P]—确认 P1010 出口放空阀排汽干净。

[P]—关闭 P1010 出、入口阀。

[P]—与常二线一同吹扫。

5.5.5　其他系统吹扫

（1）高压瓦斯系统吹扫。

[P]—关闭管网高压瓦斯进装置阀。

[P]—确认 F1001、F1002 所有高压瓦斯火嘴上、下手阀关闭。

[P]—拆开 F1001、F1002 所有高压瓦斯火嘴及长明灯软管。

[I]—手动打开 F1001、F1002 及总控高压瓦斯控制阀，OP 值为 100%。

[P]—各控制阀改副线。

[P]—开蒸汽阀组吹扫。

[P]—依次缓慢打开 F1001、F1002 各高压瓦斯、长明灯手阀。

[P]—确认各高压瓦斯、长明灯软管见汽。

[P]—确认流程吹扫干净。

[P]—关闭各上、下手阀。

[P]—关吹扫蒸汽阀。

[P]—各低点放空。

（2）常顶瓦斯、减顶瓦斯系统吹扫。

[P]—打开 V1002、V1003 不凝气至低压瓦斯系统阀门。

[P]—改好吹扫流程。

[P]—确认 F1001 低压瓦斯、F1002 减顶瓦斯火嘴上、下手阀关闭。

[P]—拆开 F1001 低压瓦斯、F1002 减顶瓦斯火嘴及长明灯软管。

[P]—开蒸汽阀吹扫。

[P]—依次缓慢打开 F1001 低压瓦斯、F1002 减顶瓦斯手阀。

[P]—确认 F1001 低压瓦斯、F1002 减顶瓦斯手阀长明灯软管见汽。

［P］—确认分液罐顶部见汽。

［P］—确认流程吹扫干净。

［P］—关闭各上、下手阀。

［P］—关吹扫蒸汽阀。

［P］—各低点放空。

（3）封油系统吹扫。

［P］—改好吹扫流程。

［P］—与减二线、常二线一同吹扫。

5.5.6 各系统确认

（M）—倒油系统吹扫干净。

（M）—常压系统吹扫干净。

（M）—减压系统吹扫干净。

（M）—其他系统吹扫干净。

状态 S_3

系统退油吹扫结束。

5.6 容器处理

（1）T1001、T1002 顶回流水洗。

［P］—拆新鲜水与泵入口跨线盲板。

［P］—向 V1002 装水。

［P］—确认 V1002 液位为 90%。

［P］—启动 P1003。

［P］—调节 P1003 出口阀。

［P］—冲洗初顶、常顶回流管线。

［P］—确认冲洗 30～40min。

［P］—切换备用泵。

［P］—打开低点放空阀。

［P］—确认排水干净。

［P］—停 P1003。

（2）T1001、T1002 汽油线水洗。

［P］—拆新鲜水与泵入口跨线盲板。

［P］—向 V1002 装水。

［P］—确认 V1002 液位为 50%。

［P］—启动 P1003。

［P］—调节 P1003 出口阀。

［P］—冲洗常顶汽油外送管线。

［P］—确认冲洗 3～4h。

[P]—切换备用泵。

[P]—打开低点放空阀。

[P]—确认排水干净。

[P]—停 P1003。

（3）T1001、T1002、T1004 洗塔、蒸塔。

[P]—引新鲜水至 P1003、P1010。

[P]—启动 P1003、P1010。

[P]—调节 P1003、P1010 出口阀。

[P]—控制洗塔水量，控制三塔液面为 30%。

[P]—开 T1001、T1002、T1004 塔底吹汽阀。

[P]—确认 T1001、T1002、T1004 水冲洗不少于 10h。

[P]—确认 T1001、T1002、T1004 排放污水干净，无污油。

[P]—打开 T1001、T1002、T1004 塔底排污阀。

[P]—确认 T1001、T1002、T1004 塔底排污不溢出地漏。

[P]—控制排放污水温度不小于 50℃。

[P]—停 P1003、P1010。

[P]—关闭新鲜水。

[P]—确认 T1001、T1002、T1004 洗塔完成。

[P]—开大 T1001、T1002、T1004 顶部放空阀。

[P]—开大 T1001、T1002、T1004 塔底吹汽。

[P]—确认 T1001、T1002、T1004 吹扫不少于 8h。

[P]—T1001、T1002、T1004 三顶系统一同吹扫。

[P]—确认 T1001、T1002、T1004 排放污水干净。

[P]—关 T1001、T1002、T1004 塔底吹汽阀。

[P]—排污。

状态 S_4

容器处理完毕，汽油线及回流线水顶完毕。

（4）确认塔容器处理状态。

（M）—T1001、T1002 顶回流水洗干净。

（M）—T1001、T1002 汽油水洗干净。

（M）—V1002 水洗干净。

（M）—T1001、T1002、T1004 洗塔、蒸塔结束。

5.7 停工收尾工作

5.7.1 装置内各电动机停电

（M）—联系电工将装置内全部电动机停电。

（M）—确认装置内全部电动机停电。

5.7.2 按盲板表加盲板

界区盲板表见表5-1。

表5-1 界区盲板表

盲板号	盲板位置	规格	安装人	时间	拆装人	时间
JX001	蜡混（西界区）	DN250(8字盲板)				
JX002	减二（西界区）	DN150				
JX003	减二扫线（西界区）	DN25				
JX004	减三（西界区）	DN150(8字盲板)				
JX005	燃料油（西界区）	DN50				
JX006	除盐水（西界区）	DN150(8字盲板)				
JX007	净化风（西界区）	DN80(8字盲板)				
JX008	氮气（西界区）	DN40(8字盲板)				
JX009	凝结水（西界区）	DN100(8字盲板)				
JX010	含硫污水（西界区）	DN100(8字盲板)				
JX011	净化水（西界区）	DN150(8字盲板)				
JX012	低温热水去（西界区）	DN300(8字盲板)				
JX013	低温热水来（西界区）	DN300(8字盲板)				
JX014	原油（西界区）	DN350(8字盲板)				
JX015	原油扫线（西界区）	DN80				
JX016	蒸汽（西界区）	DN250(8字盲板)				
JX017	汽油至重整（西界区）	DN150(8字盲板)				
JX018	石脑油至罐区（西界区）	DN150(8字盲板)				
JX019	轻污油（西界区）	DN100(8字盲板)				
JX020	电精制（西界区）	DN150(8字盲板)				
	氨水（西界区）（已盲）	DN20(8字盲板)				
JX021	高压瓦斯（西界区）	DN200(8字盲板)				
JX022	高压瓦斯扫线（西界区）	DN50				
JX023	常二（西界区）	DN100(8字盲板)				
JX024	渣油至催化（西界区）	DN150(8字盲板)				
JX025	初顶汽油至催化阀组（泵区）	DN40				
JX026	初顶汽油至催化阀组副线（泵区）	DN40				
JX027	常三（西界区）	DN80				
JX028	常二去柴油改制（泵区）	DN80				
JX029	常三去柴油改制（泵区）	DN80				
JX030	减一（西界区）	DN80				
JX031	常一（西界区）	DN100				
JX032	催化油浆来（西管廊）	DN50				

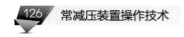

续表

盲板号	盲板位置	规格	安装人	时间	拆装人	时间
JX033	压缩机去催化(南界区)	DN200(8字盲板)				
JX034	压缩机去催化扫线(南界区)	DN25				
JX035	一期压缩机去催化(南界区)	DN80				
JX036	初顶气去催化(南界区)	DN100				
JX037	切水隔油罐污水去硫磺(南界区)	DN150(8字盲板)				
JX038	渣油、减三互串线(南界区)	DN150(8字盲板)				
JX039	渣油、减三互串线扫线(南界区)	DN40				
JX040	重污油退油(南界区)	DN150(8字盲板)				
JX041	重污油退油扫线(南界区)	DN25				
JX042	沥青去一期罐区(南界区)	DN200(8字盲板)				
JX043	沥青去一期罐区扫线(南界区)	DN25				
JX044	常一电精制区常一、二(南界区)	DN150(8字盲板)				
JX045	重污油罐去放火炬(南界区)	DN400(8字盲板)				
JX046	重污油罐去放火炬扫线(南界区)	DN25				

5.7.3　下水系统处理

[P]—清除地沟中污油。

[P]—配合施工单位收净水封井中油。

[P]—用热水冲洗下水系统。

[P]—确认下水系统冲洗干净。

[P]—封下水井。

[P]—封地漏。

(M)—联系安全人员进行检查。

5.7.4　相关设备开人孔

(M)—确认装置相关设备具备开人孔条件。

[P]—配合施工单位开人孔。

[P]—确认人孔开完。

最终状态 F_S

装置停工工作结束，验收合格，交付检修。

确认并交付检修：

(M)—管线、设备处理干净，化验分析合格。

(M)—下水系统处理干净，封堵良好。

(M)—装置卫生整洁，符合要求。

(M)—盲板处于盲位，标志清楚（见盲板表）。

第6章

基础操作规程

6.1　加热炉基本操作规程

6.1.1　操作原则

蒸馏车间一常装置共有两台加热炉，常压炉的设计热负荷为 42.43MW；减压炉的设计热负荷为 24.32MW。两台加热炉分别设有余热回收系统，正常操作时两台加热炉的烟气经过余热回收系统换热后排入大气。两台加热炉总的操作原则如下：

加热炉点炉和停炉时要严格执行操作卡，防止违章操作造成事故。

① 按指标严格控制炉出口温度在正常范围内，并注意观察分析温度指示是否正确。

② 控制入炉流量在正常指标范围内，并注意观察分析流量指示是否正确。

③ 保持炉膛明亮，各火嘴燃烧良好，火焰整齐，两侧辐射室负荷接近，严格控制炉膛温度不大于 800℃，排烟温度在 125℃ 左右。

④ 炉管内工艺介质不能偏流，严防偏流造成炉管结焦，分支温差控制为 ≯3℃。

⑤ 加强空气预热器的管理，热水循环温度 ≮110℃，调节好火嘴配风量，发现火嘴堵塞及时清理。

⑥ 调节各排炉火相似，防止发生偏火、压火现象。

⑦ 定期检查炉管、炉墙、管吊架等有无异常情况。

⑧ 检查引风机、鼓风机运转有无异常情况。

⑨ 检查设备、管线有无泄漏。

6.1.2　加热炉点火操作法

6.1.2.1　开工检查

操作要点：

① 检查确认加热炉及其附属设施完好，主要包括：防爆门、防火门、风门、长明灯软连接、烟道挡板、鼓风机、引风机等设备和附件状态完好。

② 检查确认燃料气系统流程正确，阻火器、燃料气流量计、管线阀门开关状态正确，其中燃料气的进装置盲板必须处于盲位，避免可燃气窜入系统发生事故。

③ 检查低压蒸汽系统、净化风系统、非净化风系统流程。

④ 检查确认仪表电气系统正常投用。

（1）检查加热炉及辅助设备。

<P>—确认燃料气进装置边界阀盲板处于盲位。

<P>—确认本炉区燃料气盲板处于盲位。

<P>—确认各燃料气管线间连通阀处盲板处于盲位。

<P>—确认燃料气系统排空阀、排凝阀关闭。

<P>—确认燃料气主火嘴前两道手阀关闭，软连接拆下并在火嘴前手阀间法兰加盲板。

<P>—确认防火面罩、防火手套完好备用。

<P>—确认防爆门完好且关闭。

<P>—确认看火孔、看火门完好且关闭。

<P>—确认风门完好。

<P>—确认火嘴完好、安装良好。

<P>—确认消防设施齐备好用。

<P>—确认可燃气体报警仪测试合格。

<P>—确认加热炉平台和护栏完好。

(P)—确认烟道挡板、供风挡板开关灵活，开关方向正确。

(P)—确认人孔封闭。

HSE 提示卡

　燃料气的进装置、火嘴两道盲板必须处于盲位，要求操作员、班长和生产指挥人员必须进行三级确认。

（2）检查燃料气线、蒸汽线、工艺介质流程。

① 燃料气线流程。

(P)—确认炉区燃料气阀门全部关闭。

(P)—确认燃料气流程各管件连接合格。

(P)—确认燃料气分液罐液位计合格。

(P)—确认燃料气温控阀正常。

<P>—确认燃料气阻火器正常。

(P)—确认燃料气流量计完好。

(M)—确认炉区外燃料气压力正常平稳。

[P]—投用燃料气伴热线。

(P)—确认燃料气伴热线投用正常。

② 蒸汽线流程。

(P)—确认 0.9MPa 蒸汽补 0.3MPa 蒸汽，打开过热蒸汽放空阀，保证过热蒸汽温度≯420℃。

(P)—确认过热蒸汽线流程各管件连接合格。

(P)—确认过热蒸汽线压力正常。

<P>—确认消防蒸汽流程引到炉膛前手阀，排凝稍开，保证消防蒸汽无凝结水。

<P>—确认消防蒸汽流程各管件连接合格。

<P>—确认消防蒸汽流程引到加热炉消防竖管,末端排凝稍开,保证消防蒸汽无凝结水。

③ 工艺介质流程。

(I)—确认对流段炉管内工艺介质流动正常,仪表指示正常。

(I)—确认对流段炉管出入口压力、温度指示正常。

(I)—确认辐射段炉管内工艺介质流动正常,仪表指示正常。

(I)—确认辐射段炉管出入口压力、温度指示正常。

④ 检查仪表电气系统。

(I)—确认报警系统合格。

(P)—确认电气设备完好备用。

(I)—确认仪表投用正常,指示正确。

(M)—确认炉区接地符合要求。

稳定状态 S_1

开工前期检查完毕。

6.1.2.2 燃料系统贯通、吹扫、试压

操作要点:

① 摆通燃料气流程,对燃料气系统进行吹扫;

② 排凝见汽后对燃料系统进行试压,升至规定压力 0.9MPa;

③ 试压合格后控制燃料气内吹扫蒸汽压力为 0.4~0.7MPa,对管线进行吹扫;

④ 对炉膛进行吹扫,烟囱见汽后吹扫 15min。

(1) 燃料系统贯通试压。

[P]—准备好燃料气贯通流程。

(P)—确认流程中各阀门开度正确。

(P)—确认给汽点。

(P)—确认排汽点。

[P]—关闭控制阀、流量计前后手阀,打开副线阀和排凝阀。

[P]—吹扫介质脱水。

<P>—确认排放点周围处于安全状态。

[P]—关闭低点排凝阀。

[P]—关闭高点放空阀。

[P]—缓慢打开吹扫介质阀门,引入吹扫介质。

(P)—确认排放点见汽。

[P]—打开高处放空阀、低点排凝阀,见汽后关闭。

[P]—关闭排放点阀门,系统升压。

(P)—确认系统升至规定压力 (0.9MPa)。

[P]—检查静密封点。

(P)—试压合格。

[P]—打开排放点阀门排放吹扫介质。

[P]—调节给汽阀门及排凝开度，控制燃料气内吹扫蒸汽压力为 0.4～0.7MPa。

<P>—燃料气系统吹扫干净，气密合格，置换合格。

(P)—软连接排气微正压。

[P]—关闭燃料气火嘴阀门。

(2) 炉膛吹扫。

[P]—准备好炉膛吹扫流程。

(P)—确认流程中各阀门开度正确。

[P]—将吹扫介质引至炉膛前手阀。

<P>—吹扫介质脱水。

[P]—缓慢打开吹扫介质阀门，引入吹扫介质。

(P)—确认烟囱见汽。

(P)—确认系统吹扫 15min。

[P]—关闭吹扫试压介质阀。

稳定状态 S$_2$

燃料系统贯通试压，炉膛吹扫完毕。

6.1.2.3　引燃料气，风道、烟道试运

操作要点：

① 确认燃料气界区盲板位置，抽盲板引燃料气至炉前；

② 启动引风机，引风机运行 30min 以上；

③ 启动鼓风机，鼓风机运行 30min 以上。

(1) 引燃料气到入炉控制阀前。

<P>—确认燃料气进装置边界阀盲板处于盲位。

<P>—确认本炉区燃料气盲板处于盲位。

<P>—确认燃料气系统排空阀、排凝阀关闭。

[P]—抽燃料气进装置边界阀盲板。

[P]—抽本炉区燃料气盲板。

[P]—引燃料气至炉火嘴双阀前。

[P]—用安全有效的方法对燃料气系统进行气体置换。

(P)—确认燃料气线中的气体置换干净。

(P)—确认新连接部位无泄漏。

[P]—结束气体置换操作。

(M)—联系仪表校验燃料气系统仪表。

[P]—确认仪表校验完毕，仪表工作正常。

(P)—确认燃料气系统压力正常稳定。

[P]—投用燃料气压控阀，置于手动状态。

(2) 风道、烟道试运。

(P)—确认鼓风机、引风机单机试运完毕。

(P)—确认流程中各阀门开度正确。

[P]—启动引风机，根据需要调整阀门开度。

［P］—启动鼓风机，根据需要调整阀门开度。

［P］—关闭烟道挡板。

（M）—联系仪表校验烟道、风道系统仪表。

［P］—确认仪表校验完毕，仪表工作正常。

（P）—确认炉膛和各控制点压力符合工艺卡片要求。

（P）—确认鼓风机、引风机运行 30min 以上。

稳定状态 S_3
燃料气引入装置，风道、烟道试运合格。

6.1.2.4　用组合式水热媒空气预热器

操作要点：

① 检查确认空气预热器及附设备完好，鼓风机、引风机处于备用状态；

② 检查确认空气、烟气、软化水流程正确，安全阀投用，电气仪表系统完好；

③ 软化水循环系统充水，按离心泵操作卡启动水热媒泵；

④ 投用鼓风机、引风机，调节各挡板、风机变频开度使各工艺参数符合要求；

⑤ 加热炉点火前投用水热媒系统。

（1）检查空气预热器及附属设备。

［M］—接上级通知准备投用组合式水热媒空气预热器。

［M］—指令外操对水热媒空气预热器系统进行全面检查并确认。

（P）—确认鼓风机完好备用。

（P）—确认引风机完好备用。

（P）—确认热水循环泵完好备用。

（P）—确认机泵冷却水投用到泵前。

＜P＞—确认消防设施齐备完好。

＜P＞—确认空气预热器平台和护栏完好。

（P）—确认烟道挡板、供风挡板开关灵活、开关方向正确。

（P）—确认系统各人孔均封好。

（P）—确认热水循环泵电动机均已送电。

（P）—检查并将系统各阀门调至正确位置。

（2）检查空气、烟气、软化水流程。

（P）—确认烟道挡板、风道挡板、旁路调节挡板关闭。

（P）—确认软化水循环系统管线无杂物。

（P）—确认软化水循环系统总阀关闭。

（P）—确认软化水低点排空阀门关闭。

（P）—确认放空排气阀打开。

＜P＞—确认安全阀投用。

（3）检查仪表电气系统状态。

（I）—确认报警系统合格。

（I）—确认吹灰器完好备用。

（P）—确认电气设备完好备用。

(I)—确认仪表投用正常，指示正确。

<P>—确认炉区接地符合要求。

（4）软化水循环系统充水。

(P)—确认软化水循环流程正确。

(P)—如果冬季投用，确认软化水总线伴热线投用。

[P]—全开软化水循环系统总阀。

(P)—确认软化水引至软化水循环系统。

(P)—排气室上放空阀见水。

HSE 提示卡

加热炉点火前 8h 开始引软化水。

HSE 提示卡

因空气换热器为上进下出结构，故初次上水满水后应交替开闭疏水阀放气阀 2 次以确保满水。上水后，上水阀不得关闭，以便维持系统内压力在设计范围 1.2～2.5MPa 内。

[P]—关闭放空阀门。

（5）启动热水循环泵。

[P]—开启泵入口阀门。

[P]—开启压力表阀门。

(P)—压力指示在 1.2～2.5MPa 之间。

(P)—确认两台热水泵油位正常。

[P]—投用冷却水。

[P]—将待启动泵的禁止把手打到运行位置，另一台泵的禁止把手打到禁止位置。

[P]—启动机泵。

[P]—打开机泵出口阀。

(P)—泵出、入口阀全开，电源指示合格，油位合格，冷却水投运。

(P)—机泵运行正常。

HSE 提示卡

水泵前后水压应有压差，出口压力无摆动，防止泵抽空，否则停泵排气。

HSE 提示卡

交替启动两台热水循环泵，检查水泵工作是否正常，并检查备用泵动作是否正常，确认正常后任选一台投运。在炉子启动后以及整个运行期间，循环泵必须连续工作，不允许停运。

（6）组合式水热媒空气预热器投用。

[P]—打开加热炉鼓风机出口挡板。

[P]—打开预热器空气入炉挡板。

[P]—启动鼓风机。

［I］—联锁投用。

（P）—环形风道风门关闭。

［I］—调整鼓风机变频开度。

［P］—调整热风循环挡板开度。

［P］—打开加热炉烟气入预热器挡板。

［P］—打开加热炉引风机入口挡板。

［P］—启动引风机。

［P］—关闭直通挡板。

［I］—调整鼓风机、引风机调频开度，控制炉膛含氧量、负压。

（P）—确认加热炉鼓风机运转正常。

（P）—确认加热炉引风机运转正常。

［P］—调节风道旁路挡板。

（I）—确认热水循环温度冷却后温度在指标范围内。

（I）—确认排烟温度在指标范围内。

（P）—确认系统无泄漏点。

（M）—确认热水循环泵运转正常。

（M）—确认鼓风机、引风机运转正常。

（M）—确认空气预热器入口温度符合要求。

（M）—确认组合式水热媒空气预热器投用完毕。

稳定状态 S_4

组合式水热媒空气预器投用完毕。

6.1.2.5 点燃燃料气火嘴

操作要点：

① 准备好点火用具，确认各火嘴燃料气手阀关闭，软连接解开；

② 联系化验人员进行炉膛可燃气采样，确认炉膛可燃气含量小于0.2%；

③ 先在炉外点燃一个火嘴的长明灯，再点燃主火嘴；

④ 根据生产要求点燃所需火嘴数量，按照升温曲线升温。

（1）点燃燃料气火嘴前的准备工作。

＜M＞—确认炉区具备点火操作条件。

＜P＞—确认配备有防护面罩的头盔。

＜P＞—确认配备有长袖筒的防火手套。

（P）—确认配备有点火的燃料气火嘴。

（P）—准备好点火器。

（P）—确认鼓风机、引风机运转正常，炉膛负压在工艺卡片要求范围内。

（P）—减顶瓦斯、低压瓦斯、高压瓦斯、长明灯火嘴手阀关闭。

（P）—减顶瓦斯、低压瓦斯、高压瓦斯、长明灯火嘴软连接解开。

（2）炉膛爆炸气体采样分析。

［M］—联系化验人员进行炉膛可燃气采样。

［P］—配合、监督采样。

<M>—确认炉膛可燃气含量小于0.2%。

[M]—办理用火作业票。

[P]—点火前用加长管便携式可燃气体检测仪对炉膛气进行可燃气体监测，测试合格（可燃气含量<0.2%）。

(P)—气体监测数据合格。

HSE 提示卡

如果可燃性气体分析不合格，首先检查燃料气流程，是否有燃料气串入，并用吹扫蒸汽对炉膛进行吹扫或通风，确认并处理正常后，重新做可燃性气体分析直至合格，确保加热炉安全点火。

可燃气分析合格与点火时间差应在 15min 内。在点火前应使用便携式爆炸气分析仪测试合格，立即点火，防止爆炸。

（3）点燃燃料气主火嘴。

[P]—连接好需要点燃火嘴的燃料气软连接。

[P]—将长明灯枪拆下，打开长明灯进气手阀。

[P]—对准点火器点燃后迅速回装到炉盆内。

(P)—确认点燃的长明灯火嘴燃烧正常。

[P]—打开该路火嘴的燃料气阀门。

(P)—确认该路火嘴的燃料气点燃。

[P]—调整火焰燃烧状态。

[P]—依次点燃其他火嘴（根据生产需要来确定点燃火嘴数量）。

[P]—调整燃料气火嘴燃烧状况。

(P)—燃料气压力合适。

[P]—调整鼓风机、引风机转速，保持炉膛负压正常。

(P)—确认火嘴数量。

如果该火嘴第一次没有点燃：

[P]—关闭该火嘴燃料气手阀。

[P]—开大风门，调整烟道挡板，增大通风量。

[P]—查找原因（阀门不通、火嘴堵塞、管线带液等）。

[P]—处理问题后，重新点燃该火嘴。

（4）根据生产需要点燃其他燃料气火嘴。

(P)—确认火嘴数量（根据生产需要来确定数量，火嘴分布要均匀）。

[P]—点燃所确定的火嘴。

(P)—确认所点的火嘴燃烧良好。

（5）升温过程中加热炉状态确认。

[P]—确认火嘴燃烧情况、排烟情况正常。

<P>—确认燃料气系统、炉管、炉体无泄漏。

<I>—确认炉管壁温度、烟气温度、炉膛温度不超过工艺卡片要求。

(I)—确认烟气氧含量在规定范围内。

<I>—确认炉膛负压在正常范围内。

<P>—确认加热炉及炉管支、吊架无异常。

<P>—确认炉衬里无脱落。

[I]—按照升温曲线升温。

稳定状态 S_6

燃料气火嘴已经点燃。

6.1.2.6　加热炉投入运行调整

(1) 根据生产需要点燃其他燃料气主火嘴。

[I]—调整风门开度。

(I)—确认炉膛负压在工艺要求范围内。

(P)—确认火嘴数量（根据生产需要来确定）。

[P]—点燃所确定的火嘴。

(P)—确认所点的火嘴燃烧良好。

(2) 加热炉状态确认。

<M>—盲板确认（按盲板表进行状态确认）。

<M>—吹扫阀组确认（按阀组进行状态确认）。

(M)—燃料气投用。

<M>—可燃气体无泄漏。

(M)—燃料气压力正常。

<M>—炉膛负压符合要求。

(M)—烟气温度不超标。

(M)—热媒水温度不超标。

<M>—炉管壁温度不超标。

<M>—炉出口温度偏差不超标。

<M>—炉各路分支出口温度偏差不超标。

[M]—调整火嘴数量，燃料气压力保持在正常运行范围内。

最终状态 F_S

加热炉运行正常。

6.1.2.7　辅助说明

① 吹扫时必须保证脱水干净，防止水击。

② 禁止同时点燃两个以上（包括两个）火嘴，禁止用相邻火嘴点燃另一个火嘴。

③ 如果炉膛采用陶纤炉衬，则不允许使用大量蒸汽对炉膛进行吹扫，可以采用氮气或者空气进行通风，点火必须控制在爆炸性气体分析合格后 15min 内进行，否则必须重新做爆炸性气体分析直至合格。

④ 必须按照对称均匀分布的顺序点火嘴；闲置火嘴定期切换；严格检查：炉管壁温度、炉膛温度不能超标，炉管内工艺介质不能偏流。

⑤ 排烟情况说明：

a.加热炉烟囱排烟以无色为正常。

b.若燃料气带液，则加强燃料气切液；若加热炉超负荷，则适当降低加热炉负荷。

c.冒大量黑烟，若是由于燃料量过大、加热炉含氧量不足，则降低燃料量；若是由于仪表失灵，则切换至手动状态，降低燃料量，联系仪表控制人员进行处理；若是由于炉管泄漏着火，则按照紧急停工处理。

6.1.3　加热炉停炉操作法

初始状态 S_0
加热炉正常运行，准备停炉。

6.1.3.1　状态确认

操作要点：

① 检查加热炉嘴燃烧正常；

② 检查燃料气、炉膛负压、炉出温度等工艺指标正常。

(M)—加热炉火嘴燃烧正常。

(M)—调节阀投自动串级。

<M>—可燃气体无泄漏。

(M)—燃料气压力正常。

<M>—炉膛负压符合要求。

(M)—烟气温度不超标。

<M>—炉管壁温度不超标。

<M>—炉出口温度偏差不超标。

[M]—调整火嘴数量，将燃料压力保持在正常运行范围内。

稳定状态 S_1
加热炉确认完毕。

6.1.3.2　停燃料气火嘴

操作要点：

① 配备好劳动保护装备，准备灭火嘴；

② 关闭火嘴的燃料气手阀，火嘴熄灭后拆下火嘴软连接；

③ 按照炉膛温度均衡的原则，逐步熄火；

④ 对燃料气系统进行吹扫，分析可燃气含量小于0.2%。

<P>—必须佩戴有防护面罩的头盔。

<P>—必须佩戴长袖筒的防火手套。

<P>—必须配备防火服。

[P]—按照指令逐步降低加热炉热负荷。

[P]—调整燃料气量至火嘴燃烧的最小气量。

（1）停一个燃料气主火嘴。

[P]—关闭该燃料气火嘴手阀。

(P)—确认该燃料气火嘴熄灭。

[P]—关闭该燃料气火嘴风门。

[P]—拆下该火嘴的软连接并加盲板。

（2）停燃料气主火嘴。

[P]—按照炉膛温度均衡的原则，逐步熄火。

[P]—按（1）所示方法停燃料气火嘴。

＜P＞—确认每路燃料气支线各留一个火嘴继续燃烧。

[P]—关闭该火嘴燃料气手阀。

[P]—各分支软连接拆除并加盲板。

（3）停用、吹扫置换燃料气系统。

(P)—关闭燃料气进装置阀。

(P)—确认保留的燃料气火嘴已自动熄灭。

[P]—关闭该燃料气火嘴炉前的两道手阀。

[I]—确认燃料气系统的压力、流量回零。

(P)—确认燃料气系统吹扫流程。

[P]—拆卸燃料气系统排凝口的盲板。

(P)—确认吹扫流程中所有阀门的阀位在合适位置。

[P]—给蒸汽吹扫燃料气系统。

[M]—联系分析人员对燃料气系统进行采样。

＜M＞—确认燃料气系统可燃气含量小于0.2%。

＜P＞—确认燃料气系统吹扫干净。

[P]—关闭吹扫线蒸汽阀。

[P]—打开燃料气管线上的排凝阀。

[P]—燃料气系统加盲板隔离。

[P]—打开燃料气系统的调节阀及其上、下游阀门以及副线阀。

＜P＞—确认燃料气系统排凝阀打开。

HSE 提示卡

　　如果可燃气体含量不合格，则用吹扫气体（N_2 或蒸汽）继续吹扫，重新分析可燃气体含量直至合格为止，严禁燃料气就地排放。

稳定状态 S_2
燃料气吹扫完，燃料气支线加盲板。

6.1.3.3　停用组合式水热媒空气预热器

操作要点：

① 配备好劳动保护装备，准备灭火嘴；

② 关闭火嘴的燃料气手阀，火嘴熄灭后拆下火嘴软连接；

③ 按照炉膛温度均衡的原则，逐步熄火；

④ 对燃料气系统吹扫，分析可燃气含量小于 0.2%。

（1）停用前系统检查。

(P)—加热炉停炉。

(P)—热水循环泵运转正常。

(P)—加热炉鼓风机、引风机运转正常。

（2）组合式水热媒空气预热器停用。

[M]—通知外操切除加热炉空气预热器。

[P]—打开加热炉烟道直通挡板。

[P]—停引风机。

[P]—关闭烟气入预热器挡板。

[P]—关闭引风机入口挡板。

[P]—停鼓风机。

（P）—加热炉环形风道风门联锁启动。

（P）—环形风道风门全开。

[P]—关闭预热器风道出口挡板。

[P]—关闭鼓风机出口挡板。

（3）停热水循环泵。

[M]—通知外操停热水循环泵。

[P]—关闭泵出口阀门。

[P]—停离心泵电动机。

（P）—机泵停转。

[P]—关闭泵压力表阀门。

[P]—关闭软化水补水阀门。

[P]—全开系统排空阀门。

[P]—全开热水循环线低点排凝阀门。

（P）—系统内存水排凝。

（M）—热水循环系统切除。

（M）—空气预热器切除。

（M）—通知车间组合式水热媒空气预热器停用完毕。

稳定状态 S_3

组合式水热媒空气预热器停用完毕。

6.1.3.4　炉管吹扫

[I]—根据要求，加热炉降温。

[P]—调节风门。

[P]—退出炉管内的工艺介质。

[P]—吹扫炉管。

[P]—炉管入口、出口用盲板隔离。

稳定状态 S_4

加热炉炉管吹扫完毕。

6.1.3.5　加热炉准备交付检修

[I]—根据要求，加热炉降温。

[P]—调节风门。

[P]—炉膛及烟道消防蒸汽、吹扫蒸汽加盲板。

[P]—吹灰器所用介质加盲板隔离。

[P]—电动设备断电。

(I)—确认炉膛冷却至常温。

(I)—确认烟道挡板全开。

(P)—确认风门全开。

(P)—确认看火孔打开。

(P)—打开加热炉人孔。

<M>—确认辐射室底部采样分析氧含量大于19.5%。

<M>—确认辐射室中部采样分析氧含量大于19.5%。

<M>—确认辐射室上部采样分析氧含量大于19.5%。

<M>—盲板确认(按盲板表进行状态确认)。

<M>—吹扫阀组确认(按阀组进行状态确认)。

最终状态 F_S

加热炉交付检修。

6.1.3.6 辅助说明

① 加热炉降温时要缓慢,并且均匀灭火,防止局部过热造成炉管结焦;

② 加热炉降温时,炉出口温度控制降温速度为50℃/h;

③ 加热炉炉出口温度降至200℃时加热炉全部灭火,并停鼓风机、引风机以及水热媒系统;

④ 燃料气管线吹扫时必须保证脱水干净,防止水击;

⑤ 炉体内采样合格后方可进人检修;

⑥ 在停炉过程中遇到异常情况使停炉无法正常运行或需要变动停炉方案的内容时,应由生产运行处、机动设备处、安全环保处和技术发展处联合审批并形成文字后方可生效;

⑦ 停炉过程要严格执行操作卡的步骤和要求,每个步骤要有具体执行人的确认;

⑧ 停炉过程中各岗位人员要服从命令听指挥,必须有明确的指令方可进行每步操作,严格遵守工艺纪律;

⑨ 在停炉过程中每步操作必须执行操作程序卡,严格执行上级各项安全规程,进行每步操作前必须先想后干,一切工作都要执行安全第一的方针。

6.2 离心泵基本操作规程

初始状态 S_0

离心泵空气状态—隔离—机、电、仪及辅助系统准备就绪。

6.2.1 启泵

6.2.1.1 离心泵启泵准备

[P]—关闭泵的排凝阀。

　[P]—关闭泵的放空阀。

　(P)—确认压力表安装好。

　[P]—投用压力表。

　(1) 投用冷却水。

　[P]—打开冷却水进水阀和排水阀（轴承箱、填料箱、泵体）。

　(P)—确认回水畅通。

　(2) 投用润滑油系统。

　(P)—确认油路畅通，无泄漏。

　(P)—通过机油液位看窗确认润滑油油位处于 1/2～2/3 位置。

状态 S_1

离心泵具备灌泵条件。

6.2.1.2　离心泵灌泵

　(1) 常温泵灌泵（介质温度在 200℃ 以上为高温泵，介质温度在 200℃ 以下为常温泵）。

　[P]—缓慢打开入口阀。

　[P]—打开泵放空阀排气。

　(P)—确认排气完毕。

　[P]—关闭泵放空阀。

　[P]—盘车。

　(2) 高温泵灌泵暖泵。

　[P]—投用暖泵线或稍开入口阀。

　(P)—确认泵不转。

　[P]—打开放空阀排气（或打开密闭排凝阀）。

　(P)—确认排气完毕。

　[P]—关闭放空阀或密闭排凝阀。

　[P]—每半小时盘车 180°。

　[P]—控制暖泵升温速度≯50℃/h。

　(P)—确认泵体与介质温差小于 50℃。

　[P]—投用封油。

　[P]—调整封油压力。

　[P]—打开泵入口阀。

　(3) 减底泵灌泵暖泵。

　(P)—确认泵入口阀关闭。

　[P]—打开预热线阀门。

　(P)—确认泵不转。

　[P]—每半小时盘车 180°。

　[P]—控制升温速度≯50℃/h。

　(P)—确认泵体与介质温差小于 50℃。

　[P]—关闭预热线阀门。

[P]—投用封油。

[P]—打开入口阀。

状态 S₂

离心泵具备启泵条件。

6.2.1.3 离心泵启泵

(P)—确认电动机送电，具备开机条件。

[P]—与相关岗位操作员联系。

(P)—确认泵出口阀关闭。

(P)—确认泵不转。

[P]—盘车均匀灵活。

[P]—关闭泵的预热线阀。

[P]—启动电动机。

[P]—如果出现下列情况立即停泵：异常泄漏、振动异常、异味、异常声响、火花、烟气、电流持续超高。

(P)—确认泵出口达到额定压力且压力保持稳定。

[P]—缓慢打开泵出口阀。

(P)—确认出口压力、电动机电流在正常范围内。

[P]—调整封油压力，封油压力应高于泵体压力 0.05～0.10MPa。

[P]—与相关岗位操作员联系。

[P]—调整泵的排量。

注意：离心泵严禁无液体空转，以免损坏零件；热油泵启动前必须预热，以免温差过大造成事故；离心泵启动后，在出口阀未开的情况下，严禁长时间运行；离心泵严禁使用入口阀来调节流量，以免抽空。

状态 S₃

离心泵启泵运行。

6.2.1.4 启动后的调整和确认

(1) 泵。

(P)—确认泵的振动正常。

(P)—确认轴承温度正常。

(P)—确认润滑油液面正常。

(P)—确认润滑油的温度、压力正常。

(P)—确认润滑油回油正常。

(P)—确认无泄漏。

(P)—确认密封的冷却介质正常。

(P)—确认冷却水正常。

(2) 动力设备。

(P)—确认电动机的电流正常。

（3）工艺系统。

(P)—确认泵入口压力稳定。

(P)—确认泵出口压力稳定。

（4）补充操作。

[P]—将排凝阀或放空阀加盲板或丝堵。

（5）最终状态。

(P)—泵入口阀全开。

(P)—泵出口阀开。

(P)—单向阀的旁路阀关闭。

(P)—排凝阀、放空阀盲板或丝堵加好。

(P)—泵出口压力在正常稳定状态。

(P)—动静密封点无泄漏。

最终状态 F_S

离心泵正常运行。

6.2.2 停泵

初始状态 S_0

离心泵正常运行。

适用范围：

用电动机驱动的泵：常温泵、高温泵、减底泵。

初始状态：

(P)—泵入口阀全开。

(P)—泵出口阀开。

(P)—排凝阀、放空阀盲板或丝堵加好。

(P)—泵在运转。

6.2.2.1 停泵

[P]—关泵出口阀。

[P]—停电动机或透平。

[P]—立即关闭泵出口阀。

(P)—确认泵不反转。

[P]—盘车。

(P)—确认泵入口阀全开。

状态 S_1

离心泵停运。

6.2.2.2 热备用

(P)—确认辅助系统投用正常。

[P]—泵入口阀全开。

［P］—打开泵预热线手阀，泵预热。

状态 S_2

离心泵热备用。

6.2.2.3 冷备用

（1）停用辅助系统。

［P］—停预热系统。

［P］—停用冷却水。

［P］—停密封油。

［P］—电动机停电。

（2）隔离。

［P］—关闭泵入口阀。

［P］—关闭泵出口阀。

［P］—拆排凝阀、放空阀的盲板或丝堵。

（3）排空。

① 常温泵排空。

［P］—打开密闭排凝阀排液。

［P］—置换。

［P］—打开排凝阀。

［P］—打开放空阀。

（P）—确认泵已排空。

② 高温泵排空。

（P）—确认泵出、入口阀关闭。

（P）—确认预热阀关闭。

［P］—打开泵体密闭排凝阀。

［P］—置换。

（P）—控制冷却速度＜50℃/h。

［P］—置换过程中每半小时盘车180°。

［P］—拆下排凝阀、放空阀盲板或丝堵。

［P］—打开放空阀。

（P）—确认泵已排空。

③ 减底泵排空。

（P）—确认泵进、出口阀门关闭。

（P）—确认预热阀关闭。

（P）—确认自然冷却至150℃（在冷却过程中，每半小时盘车180°）。

（P）—确认泵不转。

［P］—打开泵的放空阀。

（P）—确认泵已排空。

> **状态 S_3**
> 离心泵处于冷备用状态。

6.1.2.4　交付检修

[P]—进、出口阀门关闭。

[P]—预热线关闭。

(P)—确认放空阀打开。

> **最终状态 F_S**
> 离心泵交付检修。

最终状态：

(P)—确认泵与系统完全隔离。

(P)—确认泵已排干净，放空阀打开。

(P)—确认电动机断电。

6.2.3　辅助说明

不论是热介质还是冷介质，都要随时密切关注泵的排空情况。

泵附近应准备好以下设施：

a.消防水带。

b.消防蒸汽皮带。

c.灭火器。

6.2.4　正常切换

> **初始状态 S_0**
> 在用泵处于运行状态，备用泵准备就绪，具备启动条件。

初始状态确认：

（1）在用泵。

(P)—确认泵入口阀全开。

(P)—确认泵出口阀开。

(P)—确认单向阀的旁路阀关闭。

(P)—确认放空阀盲板或丝堵加好。

(P)—确认泵出口压力处于正常稳定状态。

（2）备用泵。

(P)—确认泵入口阀全开。

(P)—确认泵出口阀关闭。

(P)—确认辅助系统投用正常。

(P)—确认泵预热（热油泵）。

(P)—确认电动机送电。

6.2.4.1 启动备用泵（不带负荷）

［P］—与相关岗位操作员联系准备启泵。

［P］—备用泵盘车。

［P］—关闭备用泵的预热线阀。

［P］—启动备用泵电动机。

［P］—如果出现下列情况立即停泵：异常泄漏、振动异常、异味、异常声响、火花、烟气、电流持续超高。

（P）—确认泵出口达到启动压力且稳定。

状态 S_1

离心泵具备切换条件。

6.2.4.2 切换

［P］—缓慢打开备用泵出口阀。

［P］—逐渐关小运转泵的出口阀。

（P）—确认运转泵出口阀全关，备用泵出口阀开至合适位置。

［P］—停运转泵电动机（见离心泵的停泵规程）。

［P］—关闭原运转泵出口阀。

（P）—确认备用泵压力、电动机电流在正常范围内。

［P］—调整泵的排量。

注意：切换过程要密切配合、协调一致，尽量减小出口流量和压力的波动。

6.2.4.3 切换后的调整和确认

（1）运转泵：具体操作见本章 6.2.1.4 节"启动后的调整和确认"。

（2）停用泵：停用泵根据要求进行热备用、冷备用或交付检修。

最终状态 F_S

备用泵启动后正常运行，原在用泵停用。

机泵岗位故障及处理方法参见本书 3.5 节。

6.3 换热器、冷却器基本操作规程

6.3.1 换热器投用

操作要点：

换热器投用的主要操作有投用前的安全检查、置换、引冷热介质和投用后的检查确认。

换热器投用的原则是先投用冷介质，后投用热介质，投用前要排净管线和设备中的空气，操作过程中注意排凝开度，防止热油跑出伤人，同时注意对其他工艺条件的影响，排气完成后一定要确认放空阀、排凝阀关闭。

换热器投用热源时应联系检修队伍，到达250℃或其他规定温度后要进行热紧。

在开工过程中，热流未投用时，冷流温度升高，应打开热流侧排空阀，以防受热憋压；当用蒸汽吹扫置换时，扫管程要将壳程放空阀或进出口阀打开，扫壳程要将管程放空阀或进出口阀打开，以防憋压。

调节换热器管壳层流量时要缓慢，不能幅度过大，防止工艺条件波动过大，容易造成换热器泄漏。

初始状态 S_0

换热器检修完毕。

6.3.1.1　准备工作

（M）—接到车间检修完毕投用通知后，组织内操和外操投用换热器。

[M]—准备两部对讲机，调试好，班长和内操各持一部。

[M]—准备好投用换热器操作程序卡。

[M]—戴好安全帽，携带对讲机，带上投用换热器操作程序卡。

[P]—戴好安全帽，携带阀门扳手。

[M]—带领外操到达现场，指令外操对检修后的换热器系统进行全面检查，如果介质温度大于100℃（风险识别），要求外操准备好现场保护蒸汽（风险削减）。

[M]—按照操作程序卡的操作步骤，向外操发出每一步操作指令，并对外操每一步操作的正确性加以判断，及时纠正外操的错误操作。

[M]—指令外操对检修后的换热器系统进行全面检查，如果介质温度大于100℃，要求外操准备好现场保护蒸汽。

[P]—检查确认换热器安装正常，换热器螺钉齐全、紧固，上下游阀门及排凝阀门无问题，否则通知班长联系处理，停止后面的操作。

[P]—如果班长要求准备现场保护蒸汽，则将保护蒸汽引到换热器附近。

[P]—向班长汇报现场一切正常，准备工作完毕。

<M>—确认准备工作就绪，具备投用换热器条件。

[M]—联系保镖、热紧人员现场准备。

稳定状态 S_1

准备工作完毕。

6.3.1.2　蒸汽吹扫、试漏

[M]—指令外操蒸汽吹扫。

[P]—关闭入口排凝阀门，关小出口排凝阀门至3扣。

[P]—引蒸汽至入口排凝阀前，开入口排凝阀同时吹扫管、壳程。

[P]—出口排凝阀见汽，关小出口排凝阀，开大入口排凝阀，憋压，蒸汽试漏2h。无问题后，停吹扫蒸汽。

[P]—打开管程、壳程排凝阀门泄压并排空换热器内存水。

稳定状态 S_2

蒸汽吹扫、试漏完毕。

6.3.1.3 换热器投用

（1）投用换热器冷源。

[M]—指令外操投用冷源。

<P>—热源两个排凝阀打开。

[P]—关闭冷源入口排凝阀门，关小冷源出口排凝阀门至3扣。

[P]—缓慢打开换热器冷源入口阀门至2扣。

(P)—冷源入换热器阀门过量。

(P)—出口排凝阀见油，水、汽排净。

[P]—关闭出口排凝阀，观察换热器有无泄漏。

[P]—逐渐全开换热器冷源入口阀门。

[P]—全开换热器冷源出口阀门。

[P]—逐渐关小冷源副线阀门直至关闭。

(I)—在关小副线阀门过程中观察有关参数是否正常，并用对讲机通知班长。

<M>—冷源投用正常。

（2）投用换热器热源。

[M]—指令外操投用热源。

[P]—关闭热源出口排凝阀门，关小热源入口排凝阀门至3扣。

[P]—缓慢打开热源出口阀至1扣（实扣）。

(P)—热源出口阀门过量。

[P]—用蒸汽保护，热源入口排凝阀处见油，水、汽排净。

[P]—关闭排凝阀门，检查换热器有无泄漏点。

[P]—逐渐全开换热器热源入口阀门。

[P]—全开换热器热源出口阀门。

[P]—逐渐关小热源副线阀门直至关闭。

(I)—在关小副线阀门过程中观察有关参数是否正常，并用对讲机通知班长。

<M>—热源投用正常。

[M]—带领外操清理现场环境后返回操作室。

HSE 提示卡
换热器进油要缓慢，防止过快造成泄漏着火。

最终状态 F_S
换热器投用完毕。

（3）异常情况处理的主要原则：如果投用过程中出现水击情况，应立即关闭热介质入口阀门，打开出口阀和排凝阀，将换热器排净。

如果换热器出现泄漏，应立即通知班长，联系检修处理，并做好蒸汽保护等防护措施，如果情况严重应立即联系班长启动应急预案，将装置退守至安全状态，发生火灾时要立即报警，疏散其他无关人员从应急通道撤离。

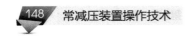

6.3.2　换热器切除

操作要点：

换热器切除的原则是先切除热介质，再切除冷介质。

切除前先打开副线阀门，再关闭出、入口阀门，观察流量情况正常后再进行下一步操作。

换热器冷源出口阀门留 2 扣泄压。

稳定状态 S_0

换热器运行中。

6.3.2.1　准备工作

（M）—接到车间因泄漏等原因需切除的通知，组织内操和外操切除换热器。

[M]—准备两部对讲机，调试好用，班长和内操各持一部。

[M]—准备好切除换热器操作程序卡。

[M]—戴好安全帽，携带对讲机，带上切除换热器操作程序卡。

[P]—戴好安全帽，携带阀门扳手。

[M]—带领外操到达现场，指令外操对需切除的换热器系统进行全面检查，如果介质温度大于 100℃（风险识别），要求外操准备好现场保护蒸汽（风险削减）。

[M]—按照操作程序卡的操作步骤，向外操发出每一步操作指令，并对外操每一步操作的正确性加以判断，及时纠正外操的错误操作

[M]—指令外操对需切除的换热器系统进行全面检查，如果介质温度大于 100℃，要求外操准备好现场保护蒸汽。

[P]—检查确认换热器副线阀门和上、下游阀门及排凝阀门完好，否则通知班长联系处理，停止后面的操作。

[P]—如果班长要求准备现场保护蒸汽，则将保护蒸汽引到换热器附近。

[P]—向班长汇报现场一切正常，准备工作完毕。

<M>—确认准备工作就绪,具备切除换热器条件。

稳定状态 S_1

准备工作完毕。

6.3.2.2　换热器切除

（1）切除换热器热源。

[M]—指令外操切除换热器热源。

[P]—缓慢打开热源副线阀门至过量，检查副线阀门是否泄漏。

[P]—如果发生泄漏立即关闭副线阀门，当介质温度大于 100℃时，用蒸汽对泄漏点进行保护，停止后面的操作。

[M]—联系处理泄漏点，待泄漏点处理完毕后，再重新按照切除换热器的操作步骤进行操作。

[P]—全开换热器的副线阀门。

[P]—关闭换热器热源上游阀门。

[I]—关闭换热器热源上游阀门后其他生产条件正常，通知班长。

[M]—指令外操关闭换热器热源下游阀门。

[P]—关闭换热器下游阀门。

(M)—换热器热源切除完毕。

(2) 切除换热器冷源。

[M]—指令外操切除换热器冷源。

[P]—缓慢打开冷源副线阀门至过量，检查副线阀门是否泄漏。

[P]—如果发生泄漏立即关闭计量表的副线阀门，当介质温度大于100℃时，用蒸汽对泄漏点进行保护，停止后面的操作。

[M]—联系处理泄漏点，待泄漏点处理完毕后，再重新按照切除换热器操作步骤进行操作。

[P]—全开换热器冷源副线阀门。

[P]—关闭换热器冷源上游阀门。

[I]—关闭换热器上游阀门后其他生产条件正常，通知班长。

[M]—指令外操关小换热器冷源下游阀门，留2扣。

[P]—关小换热器冷源下游阀门，留2扣。

<M>—确认换热器切除完毕。

[M]—带领外操返回操作室。

最终状态 F_S

换热器切除完毕。

HSE 提示卡

换热器下游阀门留2扣一定要在排油前关闭。

6.3.2.3　异常处理

异常处理见表6-1。

表6-1　换热器故障及处理方法

故障	现象	原因	处理
换热器封头、阀门及管线法兰漏油	热油泄漏时冒烟	检修质量不好；法兰垫片密封差；未热紧或热紧效果差；工艺变动造成系统憋压，操作变化大而引起剧烈胀缩	轻微漏油时，立即用蒸汽掩护，联系检修单位紧固，维持生产
换热器封头、阀门及管线法兰起火	起火	同上，泄漏介质温度达到自燃点	立即用蒸汽或消防器材灭火，或拨打火警电话。根据具体情况，切除换热器或紧急停工处理
换热器管束泄漏	冷、热流介质组分变化	检修质量差，腐蚀、冲刷严重，小浮头泄漏等	切除检修

6.3.3　冷却器投用

操作要点：

冷却器投用的主要操作有投用前的安全检查、置换、引冷热介质和投用后的检查确认。

冷却器投用的原则是先投用水端，后投用油端，投用前要排净管线和设备中的空气，操作过程中注意排凝开度，防止热油跑出伤人，同时注意对其他工艺条件的影响，排气完成后一定要确认放空阀、排凝阀关闭。

调节冷却器管壳层流量时要缓慢，不能幅度过大，防止工艺条件波动过大，容易造成冷却器泄漏。

初始状态 S_0

施工验收完毕，交付投用检查。

6.3.3.1　投用前检查

（M）—接到车间检修完毕投用通知后，组织内操和外操投用冷却器。

[M]—准备两部对讲机，调试好用，班长和内操各持一部。

[M]—准备好投用冷却器操作程序卡。

[M]—戴好安全帽，携带对讲机，带上投用冷却器操作程序卡。

[P]—戴好安全帽，携带阀门扳手。

[M]—带领外操到达现场，指令外操对检修后的冷却器系统进行全面检查，如果介质温度大于100℃（风险识别），要求外操准备好现场保护蒸汽（风险削减）。

[M]—按照操作程序卡的操作步骤，向外操发出每一步操作指令，并对外操每一步操作的正确性加以判断，及时纠正外操的错误操作。

（P）—水压试验结束时盲板拆除。

[P]—冷却器封头、联箱、管壳程接管法兰螺栓无松动、无缺损。

（P）—冷却器冷、热介质两端的出入口、副线、排凝阀完好无问题，否则通知班长联系处理，停止后面的操作。

[P]—如果班长要求准备现场保护蒸汽，则将保护蒸汽引到冷却器附近。

[P]—向班长汇报现场一切正常，准备工作完毕。

＜M＞—确认准备工作就绪，具备投用冷却器条件。

[M]—联系保镖、热紧人员现场准备。

稳定状态 S_1

投用前期检查完毕。

6.3.3.2　投用运行

（1）冷却水系统投用。

[P]—关闭入口排凝阀。

[P]—打开冷却水入口阀门。

[P]—出口排凝见水后，关闭排凝阀。

[P]—打开冷却水出口阀门。

（P）—冷却水系统投用正常，无泄漏（发生泄漏等异常情况时，停止投用，执行切除操作，联系检修单位处理，直至完好后，重复投用操作）。

（2）热油系统投用。

［P］—关小入口排凝阀至3～5扣，关闭出口排凝阀。

［P］—缓慢打开热油出口冷却器阀门至3～5扣。

（P）—出口阀门过量。

［P］—入口排凝阀处水、汽排净，关闭排凝阀。

［P］—缓慢打开热油出入口阀门至全开。

［P］—逐渐关闭副线阀门。

［P］—热油系统投用正常，无泄漏（发生泄漏等异常情况时，停止投用，执行切除操作，联系检修单位处理，直至完好后，重复投用操作）。

［P］—控制冷却器热油出口温度达到工艺要求。

（3）冷却器状态确认。

（I）—热油冷后温度符合工艺要求。

（P）—冷却器、管线无泄漏。

（M）—冷却器投用完毕，运行正常。

［M］—向车间汇报冷却器投用完毕。

最终状态 F_S

冷却器投用完毕。

6.3.3.3 异常情况处理的主要原则

如果投用过程中出现水击情况，应立即关闭热介质入口阀门，打开出口阀和排凝阀，将冷却器排净。

如果冷却器出现泄漏，应立即通知班长，联系检修处理，并做好蒸汽保护等防护措施，如果情况严重应立即联系班长启动应急预案，将装置退守至安全状态，发生火灾时要立即报警，疏散其他无关人员从应急通道撤离。

6.3.4 冷却器切除

操作要点：

冷却器切除的原则是先切除油端，再切除水端。

切除油端前先打开副线阀门，再关闭出、入口阀门，观察流量情况正常后再进行下一步操作。

初始状态 S_0

冷却器处于运行状态。

6.3.4.1 切除前状态确认

（M）—接到车间因泄漏等其他原因需切除的通知，组织内操和外操切除冷却器。

［M］—准备两部对讲机，调试好用，班长和内操各持一部。

［M］—准备好切除换热器操作程序卡。

［M］—戴好安全帽，携带对讲机，带上切除冷却器操作程序卡。

[P]—戴好安全帽, 携带阀门扳手。

[M]—带领外操到达现场, 指令外操对需切除的冷却器系统进行全面检查, 如果介质温度大于100℃ (风险识别), 要求外操准备好现场保护蒸汽 (风险削减)。

[M]—按照操作程序卡的操作步骤, 向外操发出每一步操作指令, 并对外操每一步操作的正确性加以判断, 及时纠正外操的错误操作。

[M]—指令外操对需切除的冷却器系统进行全面检查, 如果介质温度大于100℃, 要求外操准备好现场保护蒸汽。

[P]—检查冷却器副线阀门和上、下游阀门及排凝阀门完好, 否则通知班长联系处理, 停止后面的操作。

[P]—如果班长要求准备现场保护蒸汽, 则将保护蒸汽引到冷却器附近。

[P]—向班长汇报现场一切正常, 准备工作完毕。

<M>—确认准备工作就绪, 具备切除条件。

> 稳定状态 S_1
>
> 准备工作完毕。

6.3.4.2   冷却器切除

(1) 热油系统切除。

[P]—缓慢打开热油副线阀门。

(P)—热油副线阀门畅通 (不畅通则通知班长)。

[P]—缓慢关闭热油入冷却器阀门。

[P]—关闭热油出冷却器阀门。

(2) 冷却水系统切除。

(P)—冷却器内热油温度降低至80℃以下。

[P]—关闭冷却水入口阀门。

[P]—关闭冷却水出口阀门。

[P]—稍开冷却水排凝阀门见水, 泄压。

> 稳定状态 S_2
>
> 冷却器切除完毕。

6.3.4.3   切除后的后续处理

(1) 介质排放。

(P)—临时排油管配好。

<P>—热油介质温度降低至80℃以下。

<P>—排放点周围安全。

<P>—热源出入口阀门关闭。

[P]—打开热油排凝阀门排油, 必要时设热水、蒸汽保护。

(P)—热油介质排净。

[P]—打开水端排凝阀门排水。

(P)—冷却水排放干净。

[P]—完全打开冷却水排凝阀门。

（2）冷却器热油系统吹扫。

（P）—冷却水系统排凝阀全开。

[P]—执行扫线方案。

[P]—扫线完成，放净冷却器内介质。

最终状态 F_S

吹扫完毕，交付检修。

6.3.4.4 异常处理

异常处理见表6-2。

表6-2 冷却器故障及处理方法

故障	现象	影响因素	处理方法
冷却器封头及管线阀门法兰漏油	介质外泄，可燃气报警器报警	检修质量不好，系统管线憋压，温度、压力大幅波动	轻微泄漏时，可用蒸汽掩护，联系检修单位紧固，维持生产；泄漏严重时，切除冷却器或紧急停工处理
管束泄漏	水场带油	检修质量差，管束腐蚀严重，小浮头泄漏等	切除冷却器检修
冷却器效果达不到工艺指标	热油介质冷后温度大幅上升，冷却器上、下水温差大	冷却水质量差，冷却水管线堵塞 冷却水压力低，水量不足	立即联系调度，管线堵塞时，可采用反吹、酸洗冷却器或切除处理 联系调度处理
冷却水中断	热油介质冷后温度大幅上升	系统供水故障	即联系调度

6.3.5 换热器（冷却器）排油

操作要点：

排油程序卡审批完毕。

排油时周围不能有动火作业，不能有车辆经过。

排油使用防静电胶管，现场用蒸汽保护。

排油温度在90℃以下，流速不能太快，排油现场必须有监护人。

初始状态 S_0

换热器切出系统，油品冷却到安全指标。

6.3.5.1 准备工作

（M）—接到车间换热器（冷却器）排油的指令，组织外操排空换热器（冷却器）。

[M]—准备两部对讲机，调试好用，班长和外操各持一部。

[M]—准备好换热器（冷却器）排油操作程序卡。

[M]—戴好安全帽，携带对讲机，带上换热器（冷却器）排油操作程序卡。

[P]—戴好安全帽，携带阀门扳手。

[M]—带领外操到达现场，指令外操对需排空的换热器（冷却器）系统进行全面检查，要求外操准备好现场保护蒸汽（风险削减）。

[M]—按照操作程序卡的操作步骤，向外操发出每一步操作指令，并对外操每一步操作的正确性加以判断，及时纠正外操的错误操作。

(P)—换热器（冷却器）按操作卡要求切除。

(P)—油运队收油车防静电接地良好。

(P)—油运队收油车内干净无水及其他不明物质。

(P)—排油人员劳保着装齐全。

(P)—收油车辆熄火。

(P)—使用防静电胶管。

(P)—50m 范围内没有动焊作业，无过往车辆。

(P)—油品温度冷到 90℃ 以下。

(P)—接油管与罐车对接正确。

[P]—将保护蒸汽引到蒸发器附近。

[P]—向班长汇报现场一切正常，准备工作完毕。

<M>—确认准备工作就绪，具备排空蒸发器条件。

稳定状态 S_1

准备工作完毕。

6.3.5.2　热源端排油

[M]—通知油运队准备接油。

[M]—指令外操热油端排油。

(P)—确认冷端入口或出口阀门打开半扣，泄压。

[P]—缓慢打开热油端排油阀门。

[P]—缓慢打开热油端给汽阀门。

(P)—确认收油车内见油。

[P]—控制流速不能太快。

(P)—排油温度在 90℃ 以下。

(P)—排油管见汽，收油结束。

[P]—关闭热油端给汽阀门。

[P]—关小热油端排油阀门（另一路排油时泄压）。

稳定状态 S_2

热源端排油完毕。

6.3.5.3　冷源端排油

[M]—指令外操热油端排油。

(P)—确认油品温度冷到 90℃ 以下。

(P)—确认热油端排油完毕。

[P]—缓慢打开冷源端排油阀门。

[P]—缓慢打开冷源端给汽阀门。

［P］—控制流速不能太快。

（P）—排油温度在 90℃ 以下。

（P）—排油管见汽，收油结束。

［P］—关闭冷源端给汽阀门。

［P］—关小冷源端排油阀门。

（M）—收油结束。

HSE 提示卡

　　冷却器排油时只执行热油端排油方案即可，排油前水端关闭出、入口阀门，打开酸洗头阀门排净存水并保持打开状态泄压。

稳定状态 S_3
换热器排油结束。

6.3.5.4　设备吹扫

［M］—指令外操开始吹扫。

［P］—关闭冷源端排油阀门。

［P］—关闭热源端排油阀门。

［P］—打开热源端扫线排汽阀门。

［P］—打开冷源端扫线排汽阀门。

［P］—打开热源端吹扫蒸汽阀门。

［P］—打开冷源端吹扫蒸汽阀门。

（P）—热源端排凝见汽。

（P）—冷源端排凝见汽。

（P）—冷、热源端吹扫 30min 以上。

［P］—关闭冷、热端排凝阀门升压。

［P］—升压到 0.8MPa，打开排凝阀门泄压。

［P］—反复多次升压、泄压。

（P）—确认冷、热源端排凝无油，扫线结束。

＜M＞—换热器排油完毕。

［M］—带领外操清理现场环境后返回操作室。

HSE 提示卡
冷却器吹扫时只吹扫热油端即可，水端泄压。

最终状态 F_S
换热器吹扫结束，交检修。

第7章

安全生产

7.1 安全生产概述

常减压蒸馏装置运行特点为高温、常压，介质易燃、易爆。主要危险点为塔顶脱水系统、塔顶系统、注氨系统、塔底高温系统。

塔顶脱水系统：该系统存在硫化氢，硫化氢在空气中聚集达到一定浓度造成人员中毒（严重时致人死亡）。

塔顶系统：塔顶系统介质为瓦斯、汽油，瓦斯泄漏与空气混合达到爆炸极限遇明火或静电等发生闪爆。

开工时，加热炉炉膛串入瓦斯，瓦斯浓度达到爆炸极限，点火时导致爆炸事故。

氨泄漏与空气混合能形成爆炸性混合物，遇明火、高热能引起燃烧爆炸。氨有毒，具有刺激性，低浓度氨对黏膜有刺激作用，高浓度氨可造成组织溶解坏死，可引起反射性呼吸停止。液氨或高浓度氨可致眼灼伤；液氨可致皮肤灼伤。氨泄漏对环境有严重危害，对水体、土壤和大气可造成污染。

机泵密封处介质泄漏，将导致着火爆炸的发生。

检修前，严格按照要求对设备管线进行吹扫处理，对 FeS 重点部位进行钝化，对界区实施插盲板等能量隔离措施。开工过程中，严格执行加热炉点火操作规程，避免炉膛串入瓦斯或瓦斯含氧不合格情况下点火，导致爆炸事故。日常生产要严格落实各项安全生产管理制度，保证装置安全生产。

7.2 本装置的危险点及重大风险

7.2.1 装置的危险点

7.2.1.1 三塔顶脱水系统

三塔顶脱水系统包括初馏塔顶回流罐脱水、常压塔顶回流罐脱水、减压塔顶水封罐脱水，该系统存在硫化氢，硫化氢在空气中聚集达到一定浓度会造成人员中毒（严重时致人死亡）。

三塔顶产生的污水硫化氢含量较低，目前回收去含硫污水处理系统，正常生产时，人员进入装置应佩戴硫化氢报警仪。

7.2.1.2 塔顶系统

瓦斯罐泄漏，瓦斯与空气混合达到爆炸极限遇明火或静电等发生闪爆。塔顶超压，安全阀起跳，瓦斯外泄产生静电发生闪爆。瓦斯分液罐冒顶，汽油随瓦斯进入加热炉火嘴，部分汽油落入炉底发生火灾。汽油泄漏落在高温设备、管线上，引起火灾、闪爆。

7.2.1.3 注氨系统

注氨系统包括工艺管线、流量计、控制阀。氨泄漏与空气混合能形成爆炸性混合物。遇明火、高热能引起燃烧爆炸。氨有毒，具有刺激性，低浓度氨对黏膜有刺激作用，高浓度氨可造成组织溶解坏死，可引起反射性呼吸停止。液氨或高浓度氨可致眼灼伤；液氨可致皮肤灼伤。氨泄漏对环境有严重危害，对水体、土壤和大气可造成污染。

7.2.1.4 塔底高温系统

该系统塔底渣油温度高达370℃，高温机泵密封泄漏，造成火灾事故。高温设备检修后投用过程中失误造成高温油品泄漏着火。

7.2.1.5 装置安全生产要点

进入装置必须佩戴硫化氢报警仪。塔顶及高温系统定期测厚。高温机泵改串联密封。生产变动严格执行操作程序卡。

仪表工在处理一、二次表之前，必须办理作业票，同操作人员联系，操作人员采取措施同意后才可进行处理。每半月检查消防器材、防毒面具、空气呼吸器等安全急救设施一次。进入塔器容器、地下污水井、地下阀井，应先进行气体分析，并办理有限空间作业票后，方可进入，并有专人在现场监护。

车间对设备、仪表和生产过程中存在的问题应及时组织进行整改；车间没有能力整改的项目应及时上报职能部门安排处理。

7.2.2 装置重大风险

装置重大风险见表7-1。

表7-1 装置重大风险

编号	活动过程（工艺、设备）	潜在的风险	风险管理措施
1	炉开工点火	炉内瓦斯到一定浓度遇到明火闪爆	编制重大风险管理方案，建立应急救援组织，明确职责分工，对风险进行现状分析，制订落实工艺、设备、人员管理措施；明确正常调节方法和应急处理措施；编制应急处置预案，建立并执行装置和岗位检查表
2	瓦斯、天然气泄漏	火灾、气体爆炸、中毒窒息	
3	氨泄漏	中毒窒息	
4	一常配电间距装置安全距离不符合规范要求	火灾、气体爆炸	
5	硫化氢泄漏	火灾、气体爆炸、中毒窒息	
6	高温油品泄漏	火灾	

7.3 本装置中主要化学品安全数据

7.3.1 装置中危险化学品

装置危险化学品见表 7-2。

表 7-2 危险化学品

序号	品名	CAS 号	备注
1	汽油	8006-61-9	
2	瓦斯	8006-14-2	
3	氨	7664-41-7	
4	硫化氢	7783-6-4	
5	柴油	8006-61-9	
6	煤油	8008-20-6	
7	天然气		
8	原油	8030-30-6	

7.3.2 各种油品的闪点、自燃点

各种油品的闪点、自燃点见表 7-3。

表 7-3 各种油品的闪点、自燃点

油品名称	闪点/℃	自燃点/℃
原油	-6.67~32.3	350
汽油	-50	510~530
煤油	28~45	380~425
轻柴油	45~120	350~380
重柴油	120	300~330
液态烃	-73.5	426.7~537.8

7.3.3 石油气体在空气中的爆炸极限

石油气体在空气中的爆炸极限见表 7-4。

表 7-4 石油气体在空气中的爆炸极限（体积比）

气体名称	爆炸极限/%	气体名称	爆炸极限/%
甲烷	5~15	己烷	1.6~9.4
一氧化碳	7.4~12.5	乙烷	3~12.5
乙烯	2.7~28.5	二硫化碳	1.0~6.0

续表

气体名称	爆炸极限/%	气体名称	爆炸极限/%
丙烷	2.1~9.5	丙烯	2~11.7
汽油	1.5~7	丁烷	1.5~8.5
丁烯	1.7~9	煤油	1.4~7.5
戊烷	1.4~7.8	硫化氢	4.3~45.5
轻柴油	1.4~6		

7.3.4 汽油

7.3.4.1 危险性概述

物理和化学危险：密度比水小，不溶于水，蒸气能与空气混合形成爆炸性混合物，与氧化剂剧烈反应。

健康危害：

① 急性中毒：对中枢神经系统有麻醉作用，轻度中毒症状有头晕、头痛、恶心、呕吐、步态不稳、共济失调；高浓度吸入出现中毒性脑病；极高浓度吸入引起意识突然丧失、反射性呼吸停止；可伴有中毒性周围神经病及化学性肺炎；部分患者出现中毒性神经病；液体吸入呼吸道可引起吸入性肺炎；溅入眼内可致角膜溃疡、穿孔，甚至失明；皮肤接触致急性接触性皮炎，甚至灼伤；吞咽引起急性肠胃炎，重者出现类似急性吸入中毒症状，并可引起肝肾损害。

② 慢性中毒：神经衰弱综合征，植物性神经功能紊乱，周围神经病。

③ 严重中毒：出现中毒性脑病，症状类似精神分裂症，皮肤损害。

环境危害：该物质对环境可能有危害，对水体应给予特别注意。

GHS危险性类别：易燃液体类别2、急性毒性（经口）类别4、急性毒性（经皮）类别4。

标签要素如表7-5所示。

表 7-5 汽油标签要素

图形符号		
名称	危险	警告
危险性说明	高度易燃液体和蒸气	吞咽有害；与皮肤接触会有害

接触后的应急综述：

① 食入：漱口，如果感觉不适，立即呼叫中毒控制中心或就医。

② 皮肤接触：用大量肥皂水和水清洗，被污染的衣服须经洗净后方可重新使用；如感觉不适，立即呼叫中毒控制中心或就医。

7.3.4.2　急救措施

吸入：迅速脱离现场至空气新鲜处，保持呼吸道通畅；如呼吸困难，给输氧；如呼吸停止，立即进行人工呼吸；就医。

皮肤接触：立即脱去被污染的衣着，用肥皂和清水彻底冲洗皮肤；就医。

眼睛接触：立即提起眼睑，用大量流动清水或生理食盐水彻底冲洗至少 15min；就医。

食入：给饮牛奶或用植物油洗胃和灌肠；就医。

7.3.4.3　消防措施

灭火剂：

① 适用：泡沫、干粉、二氧化碳、砂土。

② 不适用：水。

特别危险性：其蒸汽与空气可形成爆炸性混合物，遇明火、高热极易燃烧爆炸，与氧化剂接触发生强烈反应；其蒸气比空气重，能在较低处扩散到相当远的地方，遇明火会引着回燃。

有害燃烧产物：一氧化碳、二氧化碳。

消防员的防护：建议消防员在空气中浓度超标时，佩戴自吸过滤式防毒面具（半面罩）；紧急事态抢救或撤离时，应该佩戴空气呼吸器或氧气呼吸器、戴化学安全防护眼镜、穿防毒物渗透工作服、戴橡胶耐油手套，做好个体防护。

7.3.4.4　泄漏应急处理

作业人员防护措施：迅速撤离泄漏污染区人员至安全区，并进行隔离，严格限制出入。

防护装备：戴自给正压式呼吸器，穿防毒服。

环境保护措施：尽可能切断泄漏源，防止流入下水道、排洪沟等限制性空间。

泄漏化学品的收容、清除方法及所使用的处置材料：

① 回收：尽可能回收本品。

② 小量泄漏：用活性炭或其他惰性材料吸收；也可以用不燃性分散剂制成的乳液刷洗，洗液稀释后放入废水系统。

③ 大量泄漏：构筑围堤或挖坑收容；用泡沫覆盖，降低蒸气灾害；喷雾状水或泡沫冷却和稀释蒸汽，保护现场人员；用防爆泵转移至槽车或专用收集器内，回收或运至废物处理场所处置。

④ 预防次生危害措施：处理现场禁止一切火源。

7.3.4.5　操作处置与储存

操作处置：罐储时要有防火防爆技术措施；禁止使用易产生火花的机械设备工具；灌装应注意流速（不超过 3m/s），且有接地装置，防止静电积聚；搬运时要轻装轻卸，防止包装及容器损坏。

储存：储存于阴凉、通风的仓间内，远离火种、热源，仓内温度不宜超过 30℃，防止阳光直射，保持容器密封，应与氧化剂分开存放；储存间内的照明、通风等设施应采用防爆型，开关设在仓外；桶装堆垛不可过大，应留墙距、顶距、柱距及必要的防火检查走道。

7.3.4.6　接触控制和个体防护

最高容许浓度：300（溶剂汽油）mg/m^3。

检测方法：气相色谱法。

工程控制：生产过程密闭，全面通风。

呼吸系统防护：一般不需要特殊防护，高浓度接触时可佩戴自吸过滤式防毒面具（半面罩）。

手防护：戴防苯耐油手套。

眼睛防护：一般不需要特殊防护，高浓度接触时可戴化学安全防护眼镜。

皮肤和身体防护：穿防静电工作服。

其他防护：工作场所严禁吸烟，避免长期反复接触。

7.3.4.7　稳定性和反应性

稳定性：正常使用条件下稳定。

特殊条件下可能发生的危险反应：燃烧。

应避免的条件：静电、明火、高温。

不相容的物质：水。

危险的分解产物：二氧化硫。

7.3.5　柴油

7.3.5.1　危险性概述

危险性类别：易燃液体3类。

物理化学危险性信息：柴油（diesel）又称油渣，是石油提炼后的一种油质的产物；它由不同的碳氢化合物混合组成，它的主要成分是含9~18个碳原子的链烷、环烷或芳烃；它的化学和物理特性位于汽油和重油之间，沸点在170~390℃间，密度为0.82~0.845kg/L；根据原油性质的不同，有石蜡基柴油、环烷基柴油、环烷-芳烃基柴油等；根据密度的不同，对石油及其加工产品，习惯上将沸点或沸点范围低的称为轻柴油，相反称为重柴油；石蜡基柴油也用作裂解制乙烯、丙烯的原料，还可用作吸收油等；本品易燃。

侵入途径：吸入、食入、经皮吸收。

健康危害：因杂质及添加剂（如硫化酯类等）不同而毒性可有差异；对皮肤和黏膜有刺激作用，也可有轻度麻醉作用；持续吸入15min而引起严重的吸入性肺炎。国外有病例报道，用柴油清洁两手和两臂数周而发生急性肾功能衰竭，肾活检显示急性肾上管坏死，经治疗后恢复。故需考虑在皮肤大量接触后，个别人可能发生肾脏损害。皮肤接触后可发生接触性皮炎，表现为红斑、水疱、丘疹。

环境危害：该物质对环境有危害，应特别注意对水体的污染。

燃爆危险：易燃，其蒸气与空气可形成爆炸性混合物，遇明火、高热有燃烧爆炸危险。

GHS危险性类别：可燃液体类别-3、易燃液体和蒸气

标签要素如表7-6所示。

表 7-6   柴油标签要素

图形符号	
名称	危险
危险性说明	高度易燃液体和蒸气

　　接触后的主要症状：皮肤接触柴油可引起接触性皮炎、油性痤疮，吸入可引起吸入性肺炎；能经胎盘进入胎儿血中；柴油废气可引起眼、鼻刺激症状，头晕及头痛。
　　应急综述：
　　① 皮肤接触：脱去污染的衣着，用肥皂和大量清水清洗污染皮肤。
　　② 眼睛接触：立即翻开上下眼睑，用流动清水冲洗，至少 15min；就医。
　　③ 吸入：脱离现场；脱去污染的衣着，至空气新鲜处，就医；防治吸入性肺炎。
　　④ 食入：误服者饮牛奶或植物油，洗胃并灌肠，就医。

7.3.5.2　急救措施

　　皮肤接触：脱去已污染的衣服，用清水彻底冲洗皮肤。
　　眼睛接触：眼皮张开用大量水冲洗眼睛至少 15min。
　　吸入：立即抬至新鲜空气处，应立即进行医治；如呼吸困难，供给氧气；如呼吸停止，使用人工呼吸；就医。
　　食入：饮用微温水，引吐，就医。
　　急性中毒：因杂质及添加剂（如硫化酯类等）毒性不同可有差异；对皮肤和黏膜有刺激作用；也可有轻度麻醉作用；能经胎盘进入胎儿血中；主要为皮肤接触，因柴油为高沸点物质，吸入蒸气而致中毒的机会较少。
　　慢性中毒：皮肤接触柴油常可致接触性皮炎，多见于两手、腕部与前臂；初期表现为红斑、丘疹，反复发作后常演变为慢性皮肤病变；吸入柴油可引起吸入性肺炎；柴油废气可引起眼、鼻刺激症状，头晕及头痛。

7.3.5.3　消防措施

　　灭火方法：尽可能将容器从火场移至空旷处，喷水保持火场容器冷却，直至灭火结束；处在火场中的容器若已变色或从安全泄压装置中产生声音，必须马上撤离。
　　灭火剂：可用泡沫、二氧化碳、干粉、砂土扑救，用水灭火无效。
　　危险特性：其蒸气与空气形成爆炸性混合物，遇明火、高热能引起燃烧爆炸，与氧化剂能发生强烈反应；其蒸气比空气重，能在较低处扩散到相当远的地方，遇火源引着回燃；若遇高热，容器内压增大，有开裂和爆炸的危险；流速过快，容易产生和积聚静电。
　　有害燃烧产物：CO。

7.3.5.4　泄漏应急处理

　　作业人员防护措施：建议应急处理人员戴自给正压式呼吸器，穿戴适当的个人防护用品，避免直接接触。
　　防护装备：化学防护眼镜、防静电工作服、橡胶手套、正压式呼吸器。

应急处理：切断火源；迅速撤离泄漏污染区人员至安全地带，并进行隔离，严格限制出入；建议应急处理人员戴自给正压式呼吸器，穿防毒服；尽可能切断泄漏源；防止进入下水道、排洪沟等限制性空间。

泄漏化学品的收容、清除方法及所使用的处置材料：

① 小量泄漏：尽可能将溢漏液收集在密闭容器内，用砂土、活性炭或其他惰性材料吸收残液，也可以用不燃性分散剂制成的乳液刷洗，洗液稀释后放入废水系统。

② 大量泄漏：构筑围堤或挖坑收容；用泡沫覆盖，降低蒸气灾害；喷雾状水冷却和稀释蒸气、保护现场人员；用防爆泵转移至槽车或专用收集器内，回收或运至废物处理场所处理。

预防次生危害措施：隔离现场，处理现场禁止一切火源。

7.3.5.5 操作处置与储存

操作处置注意事项：密闭操作，加强通风；操作人员必须经过专门培训，严格遵守操作规程；戴橡胶耐油手套；远离火种、热源，工作场所严禁吸烟；使用防爆型的通风系统和设备；防止蒸气泄漏到工作场所空气中；避免与氧化剂接触；灌装时应注意流速（不超过 7m/s），且有接地装置，防止静电积聚；搬运时要轻装轻卸，防止包装及容器损坏；配备相应品种和数量的消防器材。

储存注意事项：储存于阴凉、通风库房；远离火种、热源；仓温不宜超过 40℃；保持容器密封；应与氧化剂、食用化学品分开存放，切忌混储；采用防爆型照明、通风设施；禁止使用易产生火花的机械设备和工具；储区应备有泄漏应急处理设备和合适的收容材料。

7.3.5.6 接触控制/个体防护

监测方法：气相色谱法。

工程控制：生产过程密闭，加强通风。

呼吸系统防护：应该佩戴空气呼吸器或氧气呼吸器。

眼睛防护：戴化学安全防护眼镜。

身体防护：穿防静电工作服。

手防护：戴橡胶耐油手套。

其他防护：工作现场禁止吸烟、进食和饮水；工作前避免饮用酒精性饮料；工作后，淋浴更衣；进行就业前和定期的体检。

7.3.5.7 稳定性和反应性

稳定性：稳定。

禁配物：强氧化剂、卤素。

避免接触的条件：明火、高热。

聚合危害：不能发生。

分解产物：一氧化碳、二氧化碳。

7.3.6 瓦斯

7.3.6.1 成分/组成信息

瓦斯成分/组成信息见表 7-7。

表 7-7 瓦斯成分/组成信息

有害物成分	CAS 号
甲烷	74-82-8

7.3.6.2 危险性概述

健康危害：甲烷对人基本无毒，但浓度过高时，空气中氧含量明显降低，使人窒息；当空气中甲烷含量达 25％～30％时，可引起头痛、头晕、乏力、注意力不集中、呼吸和心跳加速、共济失调；若不及时脱离，可致窒息死亡；皮肤接触液化本品，可致冻伤。

燃爆危险：本品易燃，具有窒息性。

7.3.6.3 急救措施

皮肤接触：若有冻伤，就医治疗。

吸入：迅速脱离现场至空气新鲜处；保持呼吸道通畅；如呼吸困难，给输氧；如呼吸停止，立即进行人工呼吸，就医。

7.3.6.4 消防措施

危险特性：易燃，与空气混合能形成爆炸性混合物，遇热源和明火有燃烧爆炸的危险；与五氧化溴、氯气、次氯酸、三氟化氮、液氧、二氟化氧及其他强氧化剂接触剧烈反应。

有害燃烧产物：一氧化碳、二氧化碳。

灭火方法：切断气源；若不能切断气源，则不允许熄灭泄漏处的火焰；喷水冷却容器，可能的话将容器从火场移至空旷处。

灭火剂：雾状水、泡沫、二氧化碳、干粉。

7.3.6.5 泄漏应急处理

迅速撤离泄漏污染区人员至上风处，并进行隔离，严格限制出入。切断火源。建议应急处理人员戴自给正压式呼吸器，穿防静电工作服。尽可能切断泄漏源。合理通风，加速扩散。喷雾状水稀释、溶解。构筑围堤或挖坑收容产生的大量废水。如有可能，将漏出气用排风机送至空旷地方或装设适当的喷头烧掉。也可以将漏气的容器移至空旷处，注意通风。漏气容器要妥善处理，修复、检验后再用。

7.3.6.6 操作处置与储存

操作注意事项：密闭操作，全面通风；操作人员必须经过专门培训，严格遵守操作规程；远离火种、热源，工作场所严禁吸烟；使用防爆型的通风系统和设备；防止气体泄漏到工作场所空气中；避免与氧化剂接触；在传送过程中，钢瓶和容器必须接地和跨接，防止产生静电；搬运时轻装轻卸，防止钢瓶及附件破损；配备相应品种和数量的消防器材及泄漏应急处理设备。

储存注意事项：储存于阴凉、通风的库房；远离火种、热源；库温不宜超过 30℃；应与氧化剂等分开存放，切忌混储；采用防爆型照明、通风设施；禁止使用易产生火花的机械设备和工具；储区应备有泄漏应急处理设备。

7.3.6.7 接触控制/个体防护

呼吸系统防护：一般不需要特殊防护，但建议在特殊情况下，佩戴自吸过滤式防毒面具（半面罩）。

眼睛防护：一般不需要特殊防护，高浓度接触时可戴安全防护眼镜。

身体防护：穿防静电工作服。

手防护：戴一般作业防护手套。

其他防护：工作现场严禁吸烟；避免长期反复接触；进入罐、限制性空间或其他高浓度区作业，须有人监护。

7.3.7　氮

7.3.7.1　成分/组成信息

氮成分/组成信息。

表 7-8　氮成分/组成信息

纯品√		混合物
化学品名称	液氮	
有毒物成分	含量	CAS 号
液氮	≥99.5%	7727-37-9

7.3.7.2　危险性概述

侵入途径：吸入。

健康危害：皮肤接触液氮可致冻伤；如在常压下汽化产生的氮气过量，可使空气中氧分压下降，引起缺氧窒息。

7.3.7.3　急救措施

皮肤接触：若有冻伤，就医治疗。

吸入：迅速脱离现场至空气新鲜处；保持呼吸道通畅；如呼吸困难，给输氧；如呼吸停止，立即进行人工呼吸，就医。

7.3.7.4　消防措施

危险特性：若遇高热，容器内压增大，有开裂和爆炸的危险。

有害燃烧产物：氮气。

灭火方法及灭火剂：本品不燃；用雾状水保持火场中容器冷却；可用雾状水喷淋加速液氮蒸发，但不可使水枪射至液氮。

7.3.7.5　泄漏应急处理

应急处理：迅速撤离泄漏污染区人员至上风处，并进行隔离，严格限制出入；建议应急处理人员戴自给正压式呼吸器，穿防寒服；不要直接接触泄漏物；尽可能切断泄漏源；防止气体在低凹处积聚，遇点火源着火爆炸；用排风机将漏出气送至空旷处；漏气容器要妥善处理，修复、检验后再用。

7.3.7.6　操作处置与储存

操作注意事项：密闭操作，提供良好的自然通风条件；操作人员必须经过专门培训，严格遵守操作规程；建议操作人员穿防寒服，戴防寒手套；防止气体泄漏到工作场所空气中；搬运时轻装轻卸，防止钢瓶及附件破损；配备泄漏应急处理设备。

储存注意事项：储存于阴凉、通风的库房；库温不宜超过 30℃；储区应备有泄漏应急处理设备。

7.3.7.7 接触控制/个体防护

最高容许浓度：未指定标准。

工程控制：密闭操作，提供良好的自然通风条件。

呼吸系统防护：一般不需特殊防护，但当作业场所空气中氧气浓度低于18％时，必须佩戴空气呼吸器、氧气呼吸器或长管面具。

眼睛防护：戴安全防护面罩。

身体防护：穿防寒服。

手防护：戴防寒手套。

其他防护：避免高浓度吸入；防止冻伤。

7.3.7.8 稳定性和聚合危害

稳定性：稳定。

聚合危害：不能出现。

7.3.8 硫化氢

7.3.8.1 危险性概述

健康危害：本品是强烈的神经毒素，对黏膜有强烈刺激作用；它能溶于水，0℃时1mol水能溶解2.6mol左右的硫化氢；硫化氢的水溶液叫氢硫酸，是一种弱酸，当它受热时，硫化氢又从水里逸出；硫化氢是一种急性剧毒，吸入少量高浓度硫化氢可于短时间内致命；低浓度的硫化氢对眼、呼吸系统及中枢神经都有影响。

环境危害：对环境有严重危害，对大气和水体可造成污染。

侵入途径：吸入。

燃爆危险：本品易燃，具有强刺激性。

危险性类别：根据化学品分类、警示标签和警示性说明规范系列标准，该产品为易燃气体-1、吸入急性毒性-2、对水生环境的急性危害-1。

标签要素见表7-9。

表7-9 硫化氢标签要素

图形符号			
名称	危险	危险	警告
危险性说明	极度易燃气体	吸入致命	对水生生物毒性极大

接触后的主要症状：急性中毒：短期内吸入高浓度硫化氢后出现流泪、眼痛、眼内异物感、畏光、视物模糊、流涕、咽喉部灼热感、咳嗽、胸闷、头痛、头晕、乏力、意识模糊等；部分患者可有心肌损害，重者可出现脑水肿、肺水肿，极高浓度（1000mg/m³以上）时可在数秒钟内突然昏迷，呼吸和心跳骤停，发生闪电型死亡，高浓度接触眼结膜发生水肿和角膜溃疡；长期低浓度接触，引起神经衰弱综合征和植物神经功能紊乱。

7.3.8.2 急救措施

吸入：迅速脱离现场至空气新鲜处，保持呼吸道通畅；如呼吸困难，给输氧；如呼吸、心跳停止，立即进行心肺复苏术，并送医院或寻求医生帮助。

皮肤接触：脱去污染衣着，用流动清水或肥皂水冲洗。

眼睛接触：立即翻开上下眼睑，用大量流动清水或生理盐水彻底冲洗至少15min；立即送医院或寻求医生帮助，不得延迟。

食入：不会通过该途径接触。

7.3.8.3 消防措施

灭火方法：消防人员必须穿戴全身防火防毒服；切断气源；若不能立即切断气源，则不允许熄灭正在燃烧的气体；喷水冷却容器，可能的话将容器从火场移至空旷处。

灭火剂：雾状水、抗溶性泡沫、干粉。

特别危险性：易燃，与空气混合能形成爆炸性混合物，遇明火、高热能引起燃烧爆炸；与浓硝酸、发烟硝酸或其他强氧化剂剧烈反应，发生爆炸；气体比空气重，能在较低处扩散到相当远的地方，遇火源会着火回燃。

有害燃烧产物：氧化硫。

7.3.8.4 泄漏应急处理

迅速撤离泄漏污染区人员至上风处，并立即进行隔离，小泄漏时隔离150m，大泄漏时隔离300m，严格限制出入。切断火源。建议应急处理人员戴自给正压式呼吸器，穿内置正压自给式呼吸器的全封闭防化服，戴防化学品手套，从上风处进入现场，尽可能切断泄漏源。合理通风，加速扩散，喷雾状水稀释、溶解，构筑围堤或挖坑收容产生的大量废水，如有可能，将残余气或漏出气用排风机送至水洗塔或与塔相连的通风橱内，或使其通过三氯化铁水溶液，管路装止回装置以防溶液吸回。漏气容器要妥善处理，修复、检验后再用。

7.3.8.5 操作处置与储存

操作处置：严加密闭，提供充分的局部排风和全面通风；操作人员必须经过专门培训，严格遵守操作规程；建议操作人员佩戴过滤式防毒面具（半面罩），戴化学安全防护眼镜，穿防静电工作服，戴防化学品手套，远离火种、热源，工作场所严禁吸烟，使用防爆型的通风系统和设备，防止气体泄漏到工作场所空气中，避免与氧化剂、碱类接触；在传送过程中，钢瓶和容器必须接地和跨接，防止产生静电，搬运时轻装轻卸，防止钢瓶及附件破损；配备相应品种和数量的消防器材及泄漏应急处理设备。

储存：储存于阴凉、通风的库房；远离火种、热源；库温不宜超过30℃；保持容器密封；应与氧化剂、碱类分开存放，切忌混储，采用防爆型照明、通风设施，禁止使用易产生火花的机械设备和工具；储区应备有泄漏应急处理设备。

7.3.8.6 接触控制和个体防护

监测方法：硝酸银比色法。

工程控制方法：严加密闭，提供充分的局部排风和全面通风，提供安全淋浴和洗眼设备。

呼吸系统防护：空气中浓度超标时，佩戴氧气呼吸器或空气呼吸器。

手防护：戴防化学品手套。

眼睛防护：戴化学安全防护眼镜。

身体防护：穿防静电工作服。

其他防护：工作场所禁止吸烟、进食和饮水，工作完毕，淋浴更衣，及时换洗工作服，作业人员应学会自救互救；进入罐、限制性空间或其他高浓度区域作业，须有人监护。

7.3.8.7 稳定性和反应性

稳定性：不稳定，加热条件下发生可逆反应 $H_2S = H_2 + S$。

不相容的物质：强氧化剂、碱类。

聚合危害：不聚合。

7.3.9 煤油

7.3.9.1 危险性概述

物理和化学危险：煤油纯品为无色透明液体，含有杂质时呈淡黄色，略具臭味；不溶于水，易溶于醇和其他有机溶剂，易挥发，易燃；煤油挥发后与空气混合形成爆炸性的混合气，爆炸极限为 $2\% \sim 3\%$；燃烧完全，亮度足，火焰稳定，不冒黑烟，不结灯花，无明显异味，对环境污染小。

健康危害：一般属微毒、低毒；主要有麻醉和刺激作用；一般吸入气溶胶或雾滴会引起黏膜刺激；不易经完整的皮肤吸收；口服煤油时可因同时呛入液态煤油而引起化学性肺炎。

环境危害：该物质对环境有危害，应特别注意对水体的污染。

GHS危险性类别：易燃液体类别-3、急性毒性（经口）类别-4、急性毒性（经皮）类别-4、对水环境的急性危害类别-1、对水环境的慢性危害类型-1。

标签要素见表7-10。

表 7-10 煤油标签要素

图形符号			
名　称	危险	警告	警告
危险性说明	易燃液体和蒸气	吞咽有害；与皮肤接触会有害	对水生生物毒性极大，且具有长期持续影响

接触后的主要症状：轻度中毒症状有头晕、头痛、恶心、呕吐、步态不稳、共济失调；高浓度吸入出现中毒性脑病；极高浓度吸入引起意识突然丧失、反射性呼吸停止；可伴有中毒性周围神经病及化学性肺炎。

接触后的应急综述：

① 食入：漱口，如果感觉不适，立即呼叫中毒控制中心或就医。

② 皮肤接触：用大量肥皂水和水清洗，被污染的衣服须经洗净后方可重新使用；

如感觉不适，立即呼叫中毒控制中心或就医。

7.3.9.2 成分/组成信息

煤油成分/组成信息见表 7-11。

表 7-11 煤油成分/组成信息

物质	混合物	
危险组分	浓度或浓度范围	CAS 号
烷烃 28%～48%，芳烃 20%～50%，不饱和烃 1%～6%，环烃 17%～44%	无资料	8008-20-6

7.3.9.3 急救措施

吸入：迅速脱离现场至空气新鲜处，保持呼吸道通畅；如呼吸困难，给输氧；如呼吸停止，立即进行人工呼吸；就医。

皮肤接触：立即脱去被污染的衣着，用肥皂和清水彻底冲洗皮肤；就医。

眼睛接触：立即提起眼睑，用大量流动清水或生理食盐水彻底冲洗至少 15min；就医。

食入：用微温水引吐，呼叫医生。

7.3.9.4 消防措施

灭火剂：

① 适用：泡沫、干粉、二氧化碳、砂土。

② 不适用：水。

特别危险性：其蒸气与空气形成爆炸性混合物，遇明火、高热能引起燃烧爆炸，与氧化剂能发生强烈反应；其蒸气比空气重，能在较低处扩散到相当远的地方，遇火源引着回燃；若遇高热，容器内压增大，有开裂和爆炸的危险；流速过快，容易产生和积聚静电。

特殊灭火方法：无。

消防员的防护：建议消防员在空气中浓度超标时，佩戴自吸过滤式防毒面具（半面罩）；紧急事态抢救或撤离时，应该佩戴空气呼吸器或氧气呼吸器、戴化学安全防护眼镜、穿防毒物渗透工作服、戴橡胶耐油手套，做好个体防护。

7.3.9.5 泄漏应急处理

作业人员防护措施：建议应急处理人员戴自给正压式呼吸器，穿戴适当的个人防护用品，避免直接接触。

防护装备：戴自给正压式呼吸器，穿防毒服。

环境保护措施：尽可能切断泄漏源；防止流入下水道、排洪沟等限制性空间。

泄漏化学品的收容、清除方法及所使用的处置材料：

① 回收：尽可能回收本品。

② 小量泄漏：用活性炭或其他惰性材料吸收；也可以用不燃性分散剂制成的乳液刷洗，洗液稀释后放入废水系统。

③ 大量泄漏：构筑围堤或挖坑收容；用泡沫覆盖，降低蒸气灾害；喷雾状水或泡沫冷却和稀释蒸气、保护现场人员；用防爆泵转移至槽车或专用收集器内，回收或运至废物处理场所处置。

④ 预防次生危害措施：处理现场禁止一切火源。

7.3.9.6　操作处置与储存

操作处置：密闭操作，加强通风；操作人员必须经过专门培训，严格遵守操作规程；戴橡胶耐油手套；远离火种、热源，工作场所严禁吸烟；使用防爆型的通风系统和设备；防止蒸气泄漏到工作场所空气中；避免与氧化剂接触；灌装时应注意流速（不超过 7m/s），且有接地装置，防止静电积聚；搬运时要轻装轻卸，防止包装及容器损坏。

储存：储存于阴凉、通风库房；远离火种、热源；仓温不宜超过 40℃；保持容器密封；应与氧化剂、食用化学品分开存放，切忌混储；采用防爆型照明、通风设施；禁止使用易产生火花的机械设备和工具；储区应备有泄漏应急处理设备和合适的收容材料。

7.3.9.7　接触控制和个体防护

最高容许浓度：无数据。

检测方法：气相色谱法。

工程控制：生产过程密闭，全面通风。

呼吸系统防护：应该佩戴空气呼吸器或氧气呼吸器。

手防护：戴橡胶耐油手套。

眼睛防护：戴化学安全防护眼镜。

皮肤和身体防护：穿防静电工作服。

其他防护：工作现场禁止吸烟、进食和饮水；工作前避免饮用酒精性饮料；工作后，淋浴更衣；进行就业前和定期的体检。

7.3.9.8　稳定性和反应性

稳定性：正常使用条件下稳定。

特殊条件下可能发生的危险反应：燃烧。

应避免的条件：明火、高温。

不相容的物质：无资料。

危险的分解产物：无资料。

7.3.10　天然气

7.3.10.1　危险性概述

危险性类别：第 2.1 类易燃气体。

侵入途径：吸入。

健康危害：空气中甲烷浓度过高，能使人窒息；当空气中甲烷达 25%～30% 时，可引起头痛、头晕、乏力、注意力不集中、呼吸和心跳加速、共济失调；若不及时脱离，可致窒息死亡；皮肤接触液化气体可致冻伤。

环境危害：对环境有害。

燃爆危险：易燃，与空气混合能形成爆炸性混合物。

7.3.10.2　急救措施

皮肤接触：如果发生冻伤，将患部浸泡于保持在 38～42℃ 的温水中复温；不要涂擦；不要使用热水或辐射热；使用清洁、干燥的敷料包扎；如有不适感，就医。

眼睛接触：不会通过该途径接触。

吸入：迅速脱离现场至空气新鲜处，保持呼吸道通畅；如呼吸困难，给输氧；如呼吸、心跳停止，立即进行心肺复苏术；就医。

食入：不会通过该途径接触。

7.3.10.3　消防措施

危险特性：易燃，与空气混合能形成爆炸性混合物，遇热源和明火有燃烧爆炸的危险；与五氧化溴、氯气、次氯酸、三氟化氮、液氧、二氟化氧及其他强氧化剂接触剧烈反应。

有害燃烧产物：一氧化碳。

灭火方法：用雾状水、泡沫、二氧化碳、干粉灭火。

灭火注意事项及措施：切断气源；若不能切断气源，则不允许熄灭泄漏处的火焰；消防人员必须佩戴空气呼吸器、穿全身防火防毒服，在上风向灭火；尽可能将容器从火场移至空旷处；喷水保持火场容器冷却，直至灭火结束。

7.3.10.4　泄漏应急处理

应急行动：消除所有点火源；根据气体的影响区域划定警戒区，无关人员从侧风、上风向撤离至安全区；建议应急处理人员戴正压自给式呼吸器，穿防静电服；作业时使用的所有设备应接地；禁止接触或跨越泄漏物；尽可能切断泄漏源；若可能翻转容器，使之逸出气体而非液体；喷雾状水抑制蒸气或改变蒸气云流向，避免水流接触泄漏物；禁止用水直接冲击泄漏物或泄漏源；防止气体通过下水道、通风系统和密闭性空间扩散；隔离泄漏区直至气体散尽。

7.3.10.5　操作处置与储存

操作注意事项：密闭操作，全面通风；操作人员必须经过专门培训，严格遵守操作规程；远离火种、热源，工作场所严禁吸烟；使用防爆型的通风系统和设备；防止气体泄漏到工作场所空气中；避免与氧化剂接触；在传送过程中，钢瓶和容器必须接地和跨接，防止产生静电；搬运时轻装轻卸，防止钢瓶及附件破损；配备相应品种和数量的消防器材及泄漏应急处理设备。

储存注意事项：用大型保温气柜在常压和相应的低温（－164℃左右）条件下储存；钢瓶装本品储存于阴凉、通风的易燃气体专用库房；远离火种、热源；库温不宜超过30℃；应与氧化剂等分开存放，切忌混储；采用防爆型照明、通风设施；禁止使用易产生火花的机械设备和工具；储区应备有泄漏应急处理设备。

7.3.10.6　接触控制/个体防护

呼吸系统防护：一般不需要特殊防护，但建议在特殊情况下，佩戴过滤式防毒面具（半面罩）。

眼睛防护：一般不需要特殊防护，高浓度接触时可戴安全防护眼镜。

身体防护：穿防静电工作服。

手防护：戴一般作业防护手套。

其他防护：工作现场严禁吸烟；避免长期反复接触；进入罐、限制性空间或其他高浓度区域作业，须有人监护。

7.3.10.7　稳定性和反应性

稳定性：稳定。

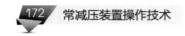

禁配物：强氧化剂、强酸、强碱、卤素。

聚合危害：不聚合。

7.3.11　原油

7.3.11.1　成分/组成信息

纯品或混合物：混合物。化学品名称：原油。有害物成分：原油。CAS 号：8030-30-6。

7.3.11.2　危险性概述

危险性类别：第 3.2 类中闪点易燃液体。

侵入途径：吸入、食入。

健康危害：原油蒸气可引起眼及上呼吸道刺激症状，如浓度过高，几分钟即可引起呼吸困难、紫绀等缺氧症状。

环境危害：该物质对环境可能有危害，对水体应给予特别注意。

燃爆危险：蒸气与空气形成爆炸性混合物，遇明火、高热能引起燃烧爆炸。

7.3.11.3　急救措施

皮肤接触：脱去污染的衣着，用肥皂水及清水彻底冲洗。

眼睛接触：立即提起眼睑，用流动清水冲洗。

吸入：迅速脱离现场至空气新鲜处；注意保暖，呼吸困难时给输氧；呼吸停止时，立即进行人工呼吸；就医。

食入：误服者给充分漱口、饮水，就医。

7.3.11.4　消防措施

危险特性：其蒸气与空气形成爆炸性混合物，遇明火、高热能引起燃烧爆炸；与氧化剂能发生强烈反应，若遇高热，容器内压增大，有开裂和爆炸的危险。

有害燃烧产物：一氧化碳、二氧化碳。

灭火方法：泡沫、干粉、二氧化碳，砂土；用水灭火无效。

7.3.11.5　泄漏应急处理

小量泄漏：疏散泄漏污染区人员至安全区，禁止无关人员进入污染区，切断火源；建议应急处理人员戴自给式呼吸器，穿一般消防防护服，在确保安全情况下堵漏；喷水雾会减少蒸发，但不能降低泄漏物在受限制空间内的易燃性；用沙土、蛭石或其他惰性材料吸收，然后收集运至空旷的地方掩埋；蒸发或焚烧。

大量泄漏：围堤收容，然后收集、转移、回收或无害处理后废弃。

7.3.11.6　操作处置与储存

操作注意事项：生产过程密闭，全面通风，高浓度环境中，应该佩带防毒口罩，必要时建议佩带自给式呼吸器；戴安全防护眼镜，穿相应的防护服，戴防护手套，工作现场严禁吸烟，工作后，淋浴更衣，注意个人清洁卫生。

储存注意事项：储存于阴凉、通风仓间内；远离火种、热源；仓温不宜超过 30℃；保持容器密封；应与氧化剂、酸类分开存放；储存间内的照明、通风等设施应采用防爆型，开关设在仓外；配备相应品种和数量的消防器材；罐储时要有防火防爆技术措施；禁止使用易产生火花的机械设备和工具；灌装时应注意流速（不超过 3m/s），且有接地装置，防止静电积聚；搬运时要轻装轻卸，防止包装及容器损坏；废弃处置前参阅国家和地方有关法规；废物储存参见"储运注意事项"；用控制焚烧法处置。

7.3.11.7 接触控制/个体防护

监测方法：气相色谱法。

工程控制：生产过程密闭，全面通风。

呼吸系统防护：高浓度环境中，应该佩带防毒口罩，必要时建议佩带自给式呼吸器。

眼睛防护：一般不需要特殊防护，高浓度接触时可戴化学安全防护眼镜。

身体防护：穿相应的防护服。

手防护：戴防护手套。

其他防护：工作现场严禁吸烟；避免长期反复接触。

7.3.11.8 稳定性和反应活性

稳定性：稳定。

禁配物：强氧化剂。

避免接触的条件：高温、明火。

聚合危害：不聚合。

分解产物：一氧化碳、二氧化碳。

7.3.11.9 运输信息

包装标志：易燃液体。

包装类别：Ⅱ类包装。

包装方法：小开口钢桶；安瓿瓶外普通木箱；螺纹口玻璃瓶、铁盖压口玻璃瓶、塑料瓶或金属桶（罐）外普通木箱。

运输注意事项：本品在铁路运输时限使用钢制企业自备罐车装运，装运前需报有关部门批准；运输时运输车辆应配备相应品种和数量的消防器材及泄漏应急处理设备；夏季最好早晚运输；运输时所用的槽（罐）车应有接地链，槽内可设孔隔板以减少震荡产生静电；严禁与氧化剂等混装混运；运输途中应防曝晒、雨淋，防高温；中途停留时应远离火种、热源、高温区；装运该物品的车辆排气管必须配备阻火装置，禁止使用易产生火花的机械设备和工具装卸；公路运输时要按规定路线行驶，勿在居民区和人口稠密区停留；铁路运输时要禁止溜放；严禁用木船、水泥船散装运输。

7.4 健康安全知识

7.4.1 防毒知识

7.4.1.1 硫化氢

硫化氢是无色有臭味气体，是强烈的神经毒物，对人体黏膜有强烈的刺激作用。吸入高浓度的硫化氢后出现流泪、眼痛、眼内异物感、胸闷、头疼头晕、乏力、意识模糊等，部分患者有心肌损害，重者可出现脑水肿；极高浓度时可在数秒内死亡。

硫化氢毒性见表 7-12。

表 7-12　硫化氢毒性

H₂S 浓度/(mg/m³)	接触时间	毒性反应
0.035		开始闻到臭味
0.4		臭味明显
4～7		感到中等强度难闻的臭味
30～40		臭味强烈,仍能忍受,是引起症状的阈浓度
70～150	1～2h	呼吸道及眼刺激症状,吸入 2～15min 后嗅觉疲劳,不再闻到臭味
300	1h	6～8min 出现眼急性刺激症状,长期接触引发肺水肿
760	15～60min	发生肺水肿、支气管炎及肺炎。接触时间长时引起头疼、头晕、步态不稳、恶心、呕吐、排尿困难
1000	数秒	很快出现急性中毒、呼吸加快、麻痹死亡
1400	立即	昏迷、呼吸麻痹死亡

　　一旦发生 H₂S 中毒应迅速将患者移至新鲜空气处,立即施行人工呼吸(禁止使用口对口法)及吸氧,对呼吸困难或面色青紫者要立即按硫化氢中毒处理,给予氧气吸入;抢救别人,保护自己;迅速切断毒源,尽快把中毒者移至空气新鲜处,松解衣扣和腰带,清除口腔异物,维持呼吸道通畅,注意保暖。

　　防护措施:硫化氢分布场所应设置警告牌,进入的作业场所要有防中毒注意事项;进入硫化氢场所作业,要经过可靠的气体检测分析,并有人监护,作业人员必须戴供气式和适宜的过滤式防毒面具,监护人要准备救生设备;工作场所安装硫化氢报警器,工作人员配备便携式检测仪。

7.4.1.2　空气呼吸器

　　(1)工作原理。空气呼吸器是利用压缩空气的正压自给开放式呼吸器,佩戴人员从肺部呼出的气体通过全面罩上的呼气阀排入大气中,当作业者吸气时,有适量的新鲜空气由气体储存气瓶开关、减压器、空气输出管、供给阀、全面罩进入人体肺部,完成了整个呼吸循环过程。在这一呼吸循环过程中,由于在全面罩内口鼻罩上设有吸气阀和呼气阀,他们在呼吸过程中是单方向开启,因此整个气流方向始终沿着一个方向前进,构成整个的呼吸循环过程。

　　(2)使用前的准备工作。

　　① 佩戴前首先打开气瓶开关,气瓶开足后,检查气瓶的储存压力,一般应在 20MPa 以上。

　　② 关闭气瓶开关,观察压力表的读数,在 5min 时间内压力下降不大于 2MPa,表明供气管系统高压气密完好。

　　③ 按供给阀按钮,观察压力表的读数,当压力下降到 4～5MPa 时,报警器会发出报警声。

　　(3)使用方法。

　　① 呼吸器背在人体身后,气瓶开关朝下,根据身材可调节肩带、腰带,并以合身牢靠、舒适为宜。

　　② 全面罩的镜片应经常保持清洁、明亮。将面罩戴在头部,收紧面罩系带(5点),使全面罩与面部有贴合良好的气密性。系带不必收得过紧,面部应感觉舒适,无

明显的压迫感及头痛。

③ 用手堵住面罩呼吸口，用力吸气，面部感觉到压迫感，表明面罩密闭性良好。

④ 使用时首先打开气瓶开关，检查气瓶压力。将供给阀与面罩连接，在进入作业现场前先进行几次深呼吸，检查压力表压力指示是否正常，各部件是否好用。

⑤ 在佩戴呼吸器时，佩戴者在使用过程中应随时观察压力表的指示数值。当压力下降到4～5MPa时，应撤离现场。这时报警器也会发出报警声告诫佩戴者撤离现场。

⑥ 使用后可将全面罩系带卡子松开，从面部摘下全面罩，同时将气瓶开关关闭，从身体上拆下呼吸器。

（4）注意事项。

① 由于容器为耐压容器，因此不要将空气呼吸器置于有明火及高温处，特别是夏季，不要将其曝晒，防止发生意外事故。

② 器材附件属橡胶制品，因此应避免阳光曝晒老化。

③ 使用该器材人员必须经过培训，作业时要求一人作业，一人监护。

7.4.1.3 自吸过滤式防毒面具

（1）滤毒盒安装。将滤毒盒接口上的凹槽对准面具上滤毒盒卡口上的突起，两者压在一起后，顺时针方向旋转滤毒盒1/4周。

（2）面具检查。

① 检查面具是否有裂纹、撕裂和脏污；检查面板密封区域是否扭曲。

② 检查吸气阀是否扭曲、破裂或撕裂。

③ 检查头带是否完好，并有良好的弹性。

④ 检查所有塑料性部件是否破裂或老化，检查垫圈是否处于完好状态并密封严密。

⑤ 取下呼气阀，检查呼气阀和底座是否脏污、扭曲、破裂和撕裂，重新装好呼气阀盖。

（3）佩戴面具。

① 将面具覆盖在嘴鼻处，然后将头带置于头顶。

② 两手拉住头带下方接头，将它们拉至颈后钩住。

③ 调整面具置于鼻梁下方，以获得最佳的视野与密合性。

④ 先调整上部头带，然后拉颈后头带调节松紧（头带松紧度可以调整，把头带扣的开口按开，就可以放松头带）。

（4）正压和/或负压气密性检查。

① 正压气密性检查。

a. 用手盖住呼气阀出口并轻轻吹气，如果面具稍稍膨胀，且在面部与面具之间没有发现空气泄漏，说明气密性良好。

b. 如果发现漏气，重新调整面具位置，并重新调节头带松紧度，消除漏气。

c. 重复以上操作直到气密。

② 负压气密性检查。

a. 将手掌盖在滤毒盒表面。

b. 轻轻吸气，如果面具稍稍塌陷并贴近脸，且在脸和面具之间没有漏气，则气密性良好。

c. 如果检测到空气泄漏，重新调整面具位置，并重新调节头带松紧度，消除漏气。

重复以上操作直到气密。

（5）注意事项。

① 自吸过滤式防毒面具使用限制。

a. 不得在氧含量少于 19.5％的环境中使用；

b. 不得在应急处置环境中使用。

② 自吸过滤式防毒面具失效。

a. 面罩本身存在破裂、缺损或气密性检查不合格时即可判定失效，不得使用。

b. 滤毒盒出现以下情形之一即可判定失效：外观变形、破损；超过规定保存或使用期限；使用中发现呼吸气困难；使用中能够闻到异味等。

7.4.1.4 中毒现场抢救

救护者应做好个人防护，带好防毒面具。切断毒物来源，关闭泄漏管线阀门。应尽快将中毒人员救离现场，移至新鲜空气处，松解患者颈、胸部纽扣和腰带，以保持呼吸畅通，同时要注意保暖和保持安静，严密注意患者神志、呼吸状态和循环状态等。

尽快制止工业毒物继续进入体内，并设法排除已进入人体内的毒物，消除和中和进入体内的毒物作用。迅速脱去被污染的衣服、鞋袜、手套等，立即彻底清洗被污染的皮肤，冲洗时间要求 15～30min，如毒物系水溶性，现场无中和剂，可用大量水冲洗，遇水能反应的则先用干布或其他能吸收液体的东西抹去沾染物，再用水冲洗，要注意防止着凉、感冒。毒物经口引起人体急性中毒，可用催吐和洗胃法。生命器官功能恢复，可用人工呼吸法、胸外按压法。

不同毒物的急救措施见表 7-13。

表 7-13 不同毒物的急救措施

毒物名称	健康危害	急救措施
汽油	急性中毒：对中枢神经系统有麻醉作用；轻度中毒症状有头晕、头痛、恶心、呕吐、步态不稳、共济失调；高浓度吸入出现中毒性脑病；极高浓度吸入引起意识突然丧失、反射性呼吸停止；可伴有中毒性周围神经病及化学性肺炎；部分患者出现中毒性精神病；液体吸入呼吸道可引起吸入性肺炎，溅入眼内可致角膜溃疡、穿孔，甚至失明；皮肤接触致急性接触性皮炎，甚至灼伤；吞咽引起急性胃肠炎，重者出现类似急性吸入中毒症状，并可引起肝、肾损害 慢性中毒：神经衰弱综合征、植物神经功能紊乱、周围神经病；严重中毒出现中毒性脑病，症状类似精神分裂症；皮肤损害	皮肤接触：立即脱去污染的衣着，用肥皂水和清水彻底冲洗皮肤；就医 眼睛接触：立即提起眼睑，用大量流动清水或生理盐水彻底冲洗至少 15min；就医 吸入：迅速脱离现场至空气新鲜处，保持呼吸道通畅；如呼吸困难，给输氧；如呼吸停止，立即进行人工呼吸；就医 食入：给饮牛奶或用植物油洗胃和灌肠；就医
液化气	本品有麻醉作用。急性中毒：有头晕、头痛、兴奋或嗜睡、恶心、呕吐、脉缓等；重症者可突然倒下，尿失禁，意识丧失，甚至呼吸停止；可致皮肤冻伤。慢性影响：长期接触低浓度者，可出现头痛、头昏、睡眠不佳、易疲劳、情绪不稳以及植物神经功能紊乱等	皮肤接触：若有冻伤，就医治疗 吸入：迅速脱离现场至空气新鲜处，保持呼吸道通畅；如呼吸困难，给输氧；如呼吸停止，立即进行人工呼吸；就医

续表

毒物名称	健康危害	急救措施
硫化氢	本品是强烈的神经毒物,对黏膜有强烈刺激作用。急性中毒:短期内吸入高浓度硫化氢后出现流泪、眼痛、眼内异物感、畏光、视物模糊、流涕、咽喉部灼热感、咳嗽、胸闷、头痛、头晕、乏力、意识模糊等;部分患者可有心肌损害;重者可出现脑水肿、肺水肿。极高浓度(1000mg/m³ 以上)时可在数秒内突然昏迷,呼吸和心跳骤停,发生闪电型死亡。高浓度接触眼结膜发生水肿和角膜溃疡。长期低浓度接触,引起神经衰弱综合征和植物神经功能紊乱	眼睛接触:立即提起眼睑,用大量流动清水或生理盐水彻底冲洗至少 15min;就医 吸入:迅速脱离现场至空气新鲜处,保持呼吸道通畅;如呼吸困难,给输氧;如呼吸停止,立即施行人工呼吸(禁止使用口对口法,采用胸腔外挤压法)及吸氧;就医
一氧化碳	一氧化碳在血中与血红蛋白结合而造成组织缺氧。急性中毒:轻度中毒者出现头痛、头晕、耳鸣、心悸、恶心、呕吐、无力,血液碳氧血红蛋白浓度可高于 10%;中度中毒者除上述症状外,还有皮肤黏膜呈樱红色、脉快、烦躁、步态不稳、浅至中度昏迷,血液碳氧血红蛋白浓度可高于 30%;重度患者出现深度昏迷、瞳孔缩小、肌张力增强、频繁抽搐、大小便失禁、休克、肺水肿、严重心肌损害等,血液碳氧血红蛋白可高于 50%。部分患者昏迷苏醒后,约经 2～60 天的症状缓解期后,又可能出现迟发性脑病,以意识精神障碍、锥体系或锥体外系损害为主。慢性影响:能否造成慢性中毒及对心血管影响无定论	吸入:迅速脱离现场至空气新鲜处,保持呼吸道通畅;如呼吸困难,给输氧;呼吸心跳停止时,立即进行人工呼吸和胸外心脏按压术;就医
二氧化硫	易被湿润的黏膜表面吸收生成亚硫酸、硫酸。对眼及呼吸道黏膜有强烈的刺激作用。大量吸入可引起肺水肿、喉水肿、声带痉挛而致窒息。急性中毒:轻度中毒时,出现流泪、畏光、咳嗽、咽喉灼痛等;严重中毒可在数小时内出现肺水肿;极高浓度吸入可引起反射性声门痉挛而致窒息。皮肤或眼接触发生炎症或灼伤。慢性影响:长期低浓度接触,可有头痛、头昏、乏力等全身症状以及慢性鼻炎、咽喉炎、支气管炎、嗅觉及味觉减退等。少数工人有牙齿酸蚀症	皮肤接触:立即脱去污染的衣着,用大量流动清水冲洗;就医 眼睛接触:提起眼睑,用流动清水或生理盐水冲洗;就医 吸入:迅速脱离现场至空气新鲜处,保持呼吸道通畅;如呼吸困难,给输氧;如呼吸停止,立即进行人工呼吸;就医
柴油	皮肤接触可为主要吸收途径,可致急性肾脏损害。柴油可引起接触性皮炎、油性痤疮。吸入其雾滴或液体呛入可引起吸入性肺炎。能经胎盘进入胎儿血中。柴油废气可引起眼、鼻刺激症状,头晕及头痛	皮肤接触:立即脱去污染的衣着,用肥皂水和清水彻底冲洗皮肤;就医 眼睛接触:提起眼睑,用流动清水或生理盐水冲洗;就医 吸入:迅速脱离现场至空气新鲜处,保持呼吸道通畅;如呼吸困难,给输氧;如呼吸停止,立即进行人工呼吸;就医 食入:尽快彻底洗胃;就医

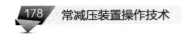

续表

毒物名称	健康危害	急救措施
氮气	空气中氮气含量过高，使吸入气氧分压下降，引起缺氧窒息。吸入氮气浓度不太高时，患者最初感到胸闷、气短、疲软无力；继而烦躁不安、极度兴奋、乱跑、叫喊、神情恍惚、步态不稳，称之为"氮酩酊"，可进入昏睡或昏迷状态。高浓度吸入时，患者可迅速昏迷、因呼吸和心跳停止而死亡。潜水员深潜时，可发生氮的麻醉作用；若从高压环境下过快转入常压环境，体内会形成氮气气泡，压迫神经、血管或造成微血管阻塞，发生"减压病"	吸入：迅速脱离现场至空气新鲜处，保持呼吸道通畅；如呼吸困难，给输氧；呼吸心跳停止时，立即进行人工呼吸和胸外心脏按压术；就医

7.4.2　触电

7.4.2.1　触电危害及救护知识

（1）对人体的危害。

① 电伤：指电流对人体外部造成局部伤害，如电流引起人体外部的烧伤。

② 电击伤：指电流通过人体内部，破坏人体心脏、肺部及神经系统的正常动作，甚至危及生命。

③ 电损伤人体的变化：细胞内离子失衡，导致肌肉收缩、麻木，在高电压下肌肉强烈收缩，组织发生病理性变化。

④ 临床表现：神志清楚、机体抽搐麻木、有电灼伤；神志不清楚、休克状态、心律失常、假死（全身情况）；电弧灼、焦化、炭化（局部情况）。

（2）触电急救。

① 紧急处置：迅速拉开电源，使触电者迅速脱离触电状态。

② 就地抢救：

a.轻微触电者：神志清楚，触电部位感到疼痛、麻木、抽搐；应使触电者就地安静、舒适地躺下来，并注意观察。

b.中度触电者：有知觉且呼吸和心脏跳动还正常，瞳孔不放光，对光反应存在，血压无明显变化；此时，应使触电者平卧，四周不要围人，使空气流通，衣服解开，以利呼吸。

c.重度触电者：触电者有假死现象，呼吸时快时慢、长短不一、深度不等，贴心听不到心音，用手摸不到脉搏，证明心脏停止跳动；此时应马上进行人工呼吸及胸外人工挤压，抢救工作不能间断，动作应准确无误。

③ 触电急救法：可采用人工呼吸与胸外心脏按压方法。

7.4.2.2　人工呼吸与胸外心脏按压知识

（1）准备工作。

① 现场人员将伤者移至上风阴凉处呈仰卧状。

② 在离伤者鼻孔的 5mm 处，用指腹检查是否有呼吸，同时轻按伤者颈部动脉，观察是否有搏动。

③ 现场人员可脱下上装叠好，置于伤者颈部，将颈部垫高，让呼吸道保持畅通。

④ 检查并清除伤者口腔中异物。若伤者带有假牙，则必须将假牙取出，防止阻塞呼吸道。

（2）人工呼吸。

① 将手帕置于伤者口唇上，施救者先深吸一口气。

② 一只手捏住伤者鼻孔，以防漏气，另一只手托起伤者下颌，嘴唇封住伤者张开的嘴巴，用口将气经口腔吹入伤者肺部。

③ 松开捏鼻子的手使伤者将气呼出。注意此时施救者人员必须将头转向一侧，防止伤者呼出的废气造成再伤害。

④ 救护换气时，放松伤者的嘴和鼻，让其自动呼吸，当伤者有轻微自然呼吸时，人工呼吸与其规律保持一致。当自然呼吸有好转时，人工呼吸可停止，并观察触电者呼吸有无复原或呼吸梗阻现象。人工呼吸每分钟大约进行 14～16 次，连续不断地进行，直至恢复自然呼吸为止。做人工呼吸的同时，要为伤者施行胸外心脏按压。

（3）胸外心脏按压方法。

① 按压部位为胸部骨中心下半段，即心窝稍高、两乳头略低、胸骨下三分之一处。

② 救护人两臂关节伸直，将一只手掌根部置于挤压部分，另一只手压在该手背上，五指翘起，以免损伤肋骨，采用冲击式向脊椎方向压迫，使胸部下陷 3～4cm，突然放松，成人每分钟按压 100 次。

③ 单人抢救时，每按压 30 次，俯下做口对口人工呼吸 2 次（30：2），按压 5 个循环周期（约 2min）对病人做出一次判断，主要触摸颈动脉（不超过 5s）与观察自主呼吸的恢复（3～5s）；双人抢救时，一人负责胸外心脏按压，一人负责维持呼吸道畅通，并做人工呼吸，同时监测颈动脉的搏动，两者的操作频率比仍为 30：2。一旦伤者心脏复苏，立即转送医院做进一步的治疗。

7.4.3 烧伤、烫伤急救

7.4.3.1 人员自保

伤员应迅速脱离现场，及时消除致伤原因。处在浓烟中时，应采用弯腰或匍匐爬行姿势；有条件的要用湿毛巾或湿衣服捂住鼻子行走。楼下着火时，可通过附近的管道或在固定物上拴绳子下滑；或关严门，往门上泼水。若身上着火应尽快脱去着火或沸液浸渍的衣服；如来不及脱着火衣服时，应迅速卧倒，慢慢就地滚动以压灭火苗；如邻近有凉水，应立即将受伤部位浸入水中，以降低局部温度。但切勿奔跑呼叫或用双手扑打火焰，以免助长燃烧和引起头面部、呼吸道和双手烧伤。

7.4.3.2 现场救护

烧伤急救就是采用各种有效的措施灭火，使伤员尽快脱离热源，尽量缩短烧伤时间。对已灭火而未脱衣服的伤员必须仔细检查，检查全身状况和有无并合损伤，电灼伤、火焰烧伤或高温气、水烫伤均应保持伤口清洁。将伤员的衣服鞋袜用剪刀剪开后除去。伤口全部用清洁布片覆盖，防止污染。四肢烧伤时，先用清洁冷水冲洗，然后用清洁布片消毒纱布覆盖，送去医院。

对爆炸冲击波烧伤的伤员要注意有无脑颅损伤，腹腔损伤和呼吸道损伤。将烧毁的、打湿的或污染的衣服除去后，应立即用三角巾、干净的衣物被单覆盖包裹，冬天用干净被单包裹伤面后，再盖棉被。对于强酸或碱等化学灼伤应立即用大量清水彻底冲洗，迅速将被侵蚀的衣物剪去。为防止酸、碱残留在伤口内，冲洗时间一般不少于10min。对创面一般不做处理，尽量不弄破水泡，保护表皮。同时检查有无化学中毒。

对危重的伤员，特别是对呼吸、心跳不好或停止的伤员立即就地紧急救护，待情况好转后再送医院。未经医务人员同意，灼伤部位不宜敷搭任何东西。送医院途中，可给伤员多次少量口服精盐水。

7.4.4　骨折急救知识

对于肢体骨折者，可用夹板或木棍、竹竿等将断骨上、下两个关节固定，也可利用伤员身体进行固定，避免骨折部位移动，以减少疼痛，防止伤势恶化。

对于开放性骨折伴有大出血者，先止血，再固定，并用干净布片覆盖伤口，然后速送医院救治。切勿将外露的断骨推回伤口内。

疑有颈椎损伤时，在使伤员平卧后，用沙土袋（或其他代替物）放置头部两侧，使颈部固定不动。必须进行口对口呼吸时，只能采用抬头使气道通畅，不能再将头部后仰移动或转动头部，以免引起截瘫或死亡。

对于腰椎骨折者，应将伤员平卧在平硬木板上，对腰椎躯干及两侧下肢一同进行固定预防瘫痪。搬动时应数人合作，保持平稳，不能扭曲。

7.4.5　颅脑外伤救护知识

应使伤员采取平卧位，保持气道通畅，若有呕吐，应扶好头部和身体，使头部和身体同时侧转，防止呕吐物造成窒息。

耳鼻有液体流出时，不要用棉花堵塞，可轻轻拭去，以利降低颅内压力。也不可用力擤鼻排出鼻内液体，或将液体再吸入鼻内。

颅脑外伤时，病情可能复杂多变，禁止给予饮食，速送医院诊治。

7.4.6　冻伤、高温中暑急救知识

（1）冻伤急救　冻伤使肌肉僵直，严重者深及骨骼，在救护搬运过程中，动作要轻柔，不要强使其肢体弯曲活动，以免加重损伤，应使用担架，将伤员平卧并抬至温暖室内救治。将伤员身上潮湿的衣服剪去后，用干燥柔软的衣服覆盖，不得烤火或搓雪。全身冻伤者的呼吸和心跳有时十分微弱，不应该误认为死亡，应努力抢救。

（2）高温中暑急救　烈日直射头部、环境温度过高、饮水过少或出汗过多等可以引起中暑现象，其症状一般为恶心、呕吐、胸闷、眩晕、嗜睡、虚脱，严重时抽搐、惊厥甚至昏迷。应立即将病员从高温或日晒环境转移到阴凉通风处休息。用冷水擦浴，湿毛巾覆盖身体，电扇吹风，或在头部置冰袋等降温，并及时给病人口服盐水。严重者送医院治疗。

参 考 文 献

[1] 林世雄.石油炼制工程.3版.北京：石油工业出版社，2000.
[2] 中国石油化工集团公司职业技能鉴定指导中心.常减压蒸馏装置操作工.北京：中国石化出版社，2006.
[3] 杨兴锴，李杰.燃料油生产技术.北京：化学工业出版社，2010.
[4] 孙玉良，闵祥禄.常减压蒸馏装置安全运行与管理.北京：中国石化出版社，2006.